Dieses Arbeitsheft gehört: ....

Arbeitsheft **9**

mathe live

Mathematik für Sekundarstufe I

von Sabine Kliemann

erarbeitet von
Udo Kietzmann
Sabine Kliemann
Börge Schmidt
Wolfram Schmidt
Gisela Wahle

Ernst Klett Verlag
Stuttgart · Leipzig

Inhaltsverzeichnis

* Diese Inhalte sind für den Erweiterungskurs relevant.

Liebe Schülerin, lieber Schüler!

Mit diesem Schuljahr machst du dir wahrscheinlich Gedanken über deine weitere Schullaufbahn und den möglichen Abschluss. Deshalb heißt es noch einmal „Ärmel hochkrempeln und durchstarten“!

Das Arbeitsheft möchte dich auch in diesem Schuljahr wieder mit vielen interessanten und spannenden Übungsaufgaben unterstützen. Auf jeder Seite findest du einen Hinweis, an welcher Stelle im Buch du nachschlagen kannst, falls dir ein mathematischer Begriff, eine Rechenregel oder eine geometrische Zeichnung noch nicht klar sein sollte.

Beispiel: Kreisfläche ▻ Schülerbuch, Seite 135 bis 137

Die Rechnungen und die Lösungen kannst du meistens direkt ins Arbeitsheft eintragen, nur gelegentlich ist ein zusätzliches Blatt zu verwenden. Alle Lösungen kannst du in der Beilage nachschlagen und dich so jederzeit selbst kontrollieren. Wenn du ein Thema fertig bearbeitet hast, hake es im Inhaltsverzeichnis ab. So erhältst du einen guten Überblick über das, was du schon geschafft hast.

Alles verstanden? Gehe mithilfe des Lernrückblicks noch einmal die wichtigsten Inhalte des Kapitels durch. Mit dem abschließenden Test kannst du deine Selbsteinschätzung überprüfen. Im Gegensatz zu eurem Schulbuch gibt es hier Aufgaben in drei Schwierigkeitsstufen. Die Inhalte des G-Kurses befinden sich dabei in den ersten beiden Spalten, während in der rechten Spalte auch durchaus Zusatzinhalte vorkommen können, die vorwiegend im E-Kurs erarbeitet werden und im Buch mit einem Sternchen versehen sind. Die Lösungen sind in der Beilage enthalten.

Auch die Zeichen, die dir an den Aufgaben begegnen, kennst du aus deinem Mathematikbuch:

[●] Einen Punkt für Aufgaben mit erhöhtem Schwierigkeitsgrad

[●●] Zwei Punkte für Aufgaben mit hohem Schwierigkeitsgrad oder Aufgaben, die etwas Geduld erfordern

[✓] Aufgaben mit Selbstkontrollemöglichkeit auf der jeweiligen Seite

[💻] Hier sollst du mit dem Computer arbeiten

[🖩] Hier kannst du den Taschenrechner zur Hilfe nehmen

Bevor es richtig losgeht, gibt es zum Aufwärmen wieder ein bisschen Denkgymnastik.

Würfelknobeleien

a) Ansichtssache

Die sechs Ansichten zeigen alle denselben Würfel, nur aus einem anderen Blickwinkel.

Zeichne das auf dem Würfel gegenüberliegende Muster:

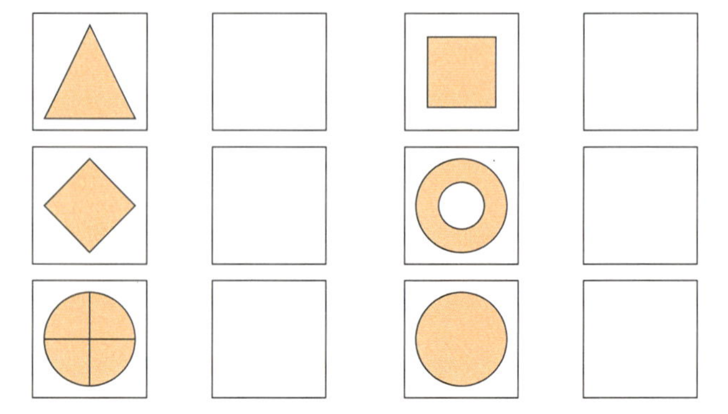

b) Eisbären beim Fischfang

Hier siehst du sechs Eisbären, die an zwei Eislöchern sitzen und 11 Fische gefangen haben.

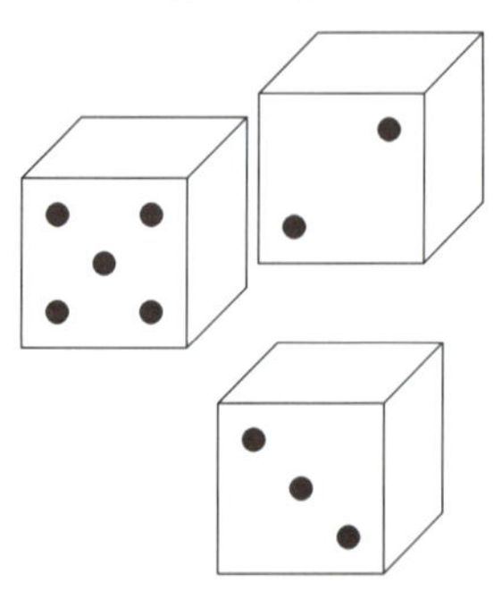

Und hier sitzen zwei Eisbären an zwei Eislöchern mit 13 gefangenen Fischen.

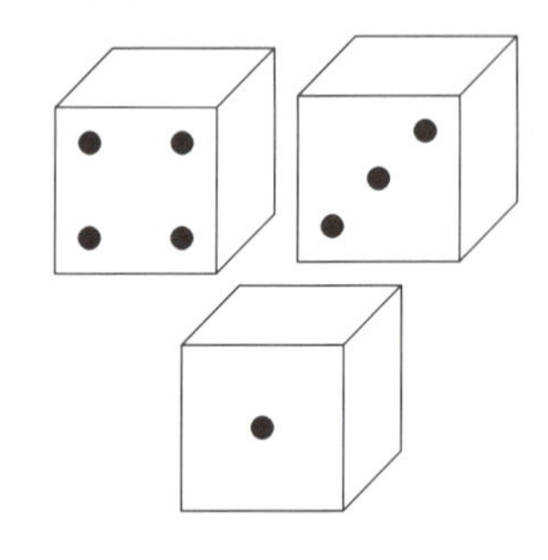

Und wie ist es hier?

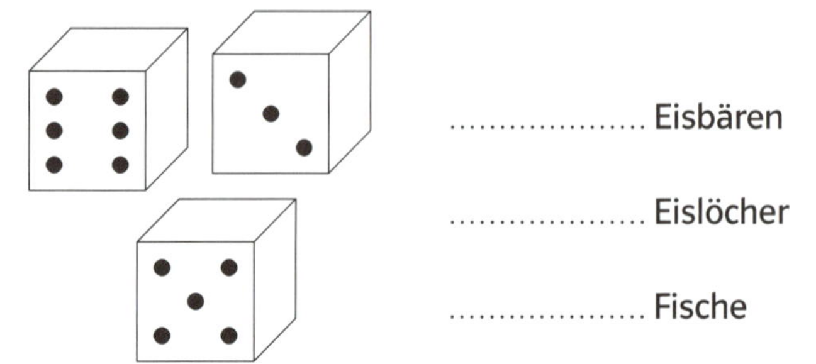

.... Eisbären

.... Eislöcher

.... Fische

Zahlenknobeleien

a) Schreibe die Ziffern von 1 bis 5 so in die Felder, dass in jeder Zeile, jeder Spalte und jedem fett umrandeten Bereich jede Zahl nur einmal vorkommt.

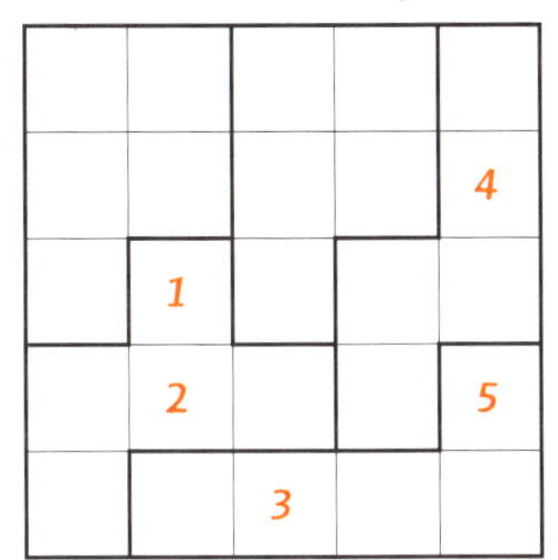

b) [●] Wie viele vierstellige Zahlen kannst du aus geradzahligen Ziffern bilden, wenn

- du alle Ziffern mehrfach benutzen darfst?

Es gibt .... Möglichkeiten.

- jede Ziffer nur einmal vorkommen darf?

Es gibt .... Möglichkeiten.

Geldgeschäfte

a) Wechselhaft

Ein 50 €-Schein soll in andere Euro-Scheine gewechselt werden. Wie viele Möglichkeiten gibt es?

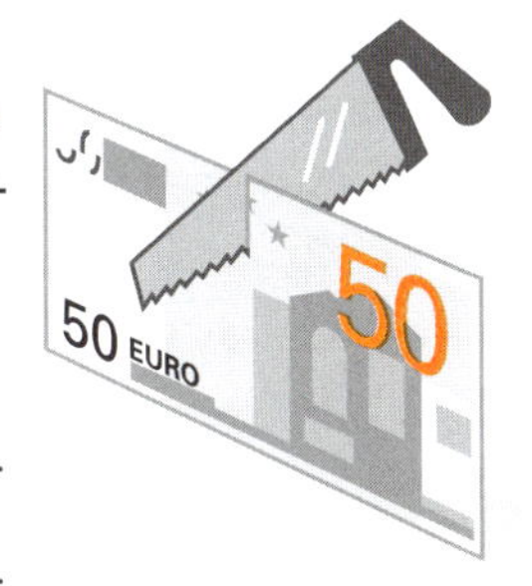

....

....

b) Preisfrage

Zwei Pinsel kosteten zusammen 1,10 €. Der eine war 1 € teurer als der andere.
Wie viel hat der zweite Pinsel gekostet?

....

c) Münzenschieben

Kannst du eine Münze so umlegen, dass sowohl senkrecht als auch waagerecht jeweils vier Münzen liegen?

Na logisch!

a) Verwandte

Ich heiße Markus. Ullas Tochter ist die Mutter meines Sohnes. Was bin ich für Ulla?

....

b) Tochter oder Sohn?

Tochter und Sohn unterhalten sich.
„Ich bin die Tochter", sagt das eine Kind, „Ich bin der Sohn", das andere Kind.
Wenn mindestens einer von ihnen lügt, wer ist es?

....

c) Haarsträubend

In den letzten Ferien waren wir in einem abgelegenen Bergdorf. Dort gab es nur zwei Friseure: der eine schmuddelig mit einem chaotischen Friseurgeschäft und einem fürchterlichen Haarschnitt – der andere sauber und gepflegt mit einem ordentlichen Laden und einem makellosen Haarschnitt. Was denkst du, bei wem ich mir die Haare schneiden ließ?

....

....

d) Party-Bekanntschaft

Auf einer Party von Lügnern und Wahrheit-Sagern lernte ich Norbert kennen. Er erzählte mir, er kenne ein Mädchen, das von sich behauptet, sie sei eine Lügnerin. Hat Norbert gelogen oder die Wahrheit gesagt?

....

....

e) Lügner oder Wahrheit-Sager?

Wie kannst du, wenn du auf einer Party von Lügnern und Wahrheit-Sagern bist, mit einer einzigen Frage herausfinden, ob du es mit einem Lügner oder einem Wahrheit-Sager zu tun hast?

....

....

Tipp

Eine Karte ist im Maßstab 1 : 1200 gezeichnet.

So erhältst du die Entfernung in Wirklichkeit:
1. Schritt: Miss die Entfernung auf der Karte (cm).
2. Schritt: Multipliziere die Zahl mit 1200.
3. Schritt: Wandle in die gewünschte Maßeinheit um.

So erhältst du die Entfernung auf der Karte:
1. Schritt: Rechne die tatsächliche Entfernung in cm um.
2. Schritt: Dividiere durch die Maßstabszahl 1200.

1 Berechne die tatsächlichen Entfernungen. Der Maßstab beträgt 1 : 1 500 000.
Tipp: 1 km = 100 000 cm.

	Duisburg – Bochum	Krefeld – Hagen	Köln – Dortmund	Moers – Hamm
Bildstrecke (cm)	2,2	4,2	4,9	5,55
Originalstrecke (cm)				
Originalstrecke (km)				

2 Der Maßstab beträgt 1 : 35 000 000. Berechne die Strecken auf der Karte und markiere die Lage der Städte.

Berlin – London: 929 km
Berlin – Madrid: 1866 km
Berlin – Moskau: 1619 km
Berlin – Paris: 877 km
Berlin – Rom: 1185 km

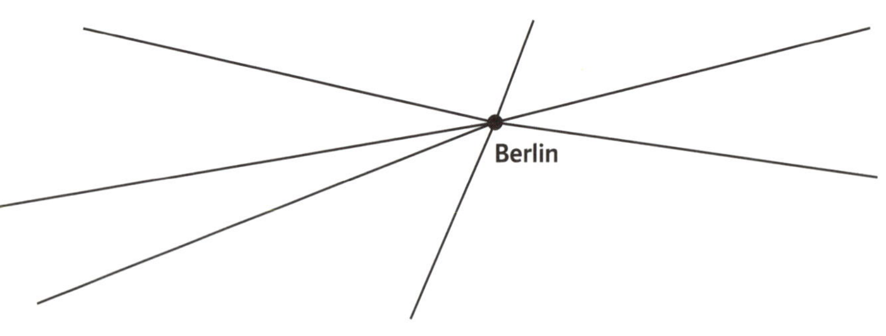

3 [●] Fülle die Tabelle aus.

Bildlänge	16 cm		3,4 dm		8,4 cm
Originallänge	12 cm	7,5 cm	8,5 dm	5 km	6,3 km
Maßstab k		1 : 1,5		1 : 10 000	

4 Die Entfernung (Luftlinie) der Städte Frankfurt/M. und München beträgt auf der Karte (Maßstab 1 : 4 500 000) 6,8 cm. Bei den Städten Frankfurt/M. und Leipzig sind es auf der Karte (Maßstab 1 : 1 500 000) 19,8 cm.
Welche Entfernung ist tatsächlich größer?

6,8 cm: .... cm = ... km

19,8 cm: .... cm = ... km

Die Entfernung F – .... ist größer.

5 Die Entfernung (Luftlinie) zwischen Köln und Berlin beträgt 475 km.
Welche Entfernungen haben die beiden Städte in der Karte bei den angegebenen Maßstäben?

Maßstab 1 : 7 500 000

....

Maßstab 1 : 5 000 000

....

▻ Schülerbuch, E-Kurs Seite 21 bis 23, G-Kurs Seite 33 bis 35

1 Dreieck ① ist maßstabsgerecht vergrößert worden, denn

a) die Seiten von Dreieck ②

sind ....-mal so groß

wie die Seiten von Dreieck ①.

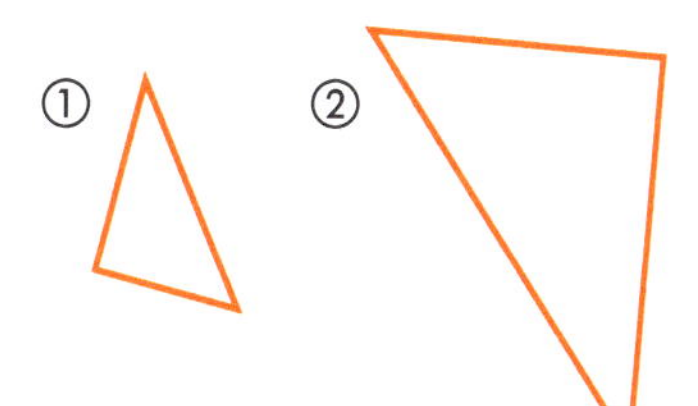

b) die Winkel in beiden Dreiecken

....

Maßstab: 2 : ....

2 Konstruiere Dreiecke, die maßstabsgerechte Vergrößerungen bzw. Verkleinerungen sind.

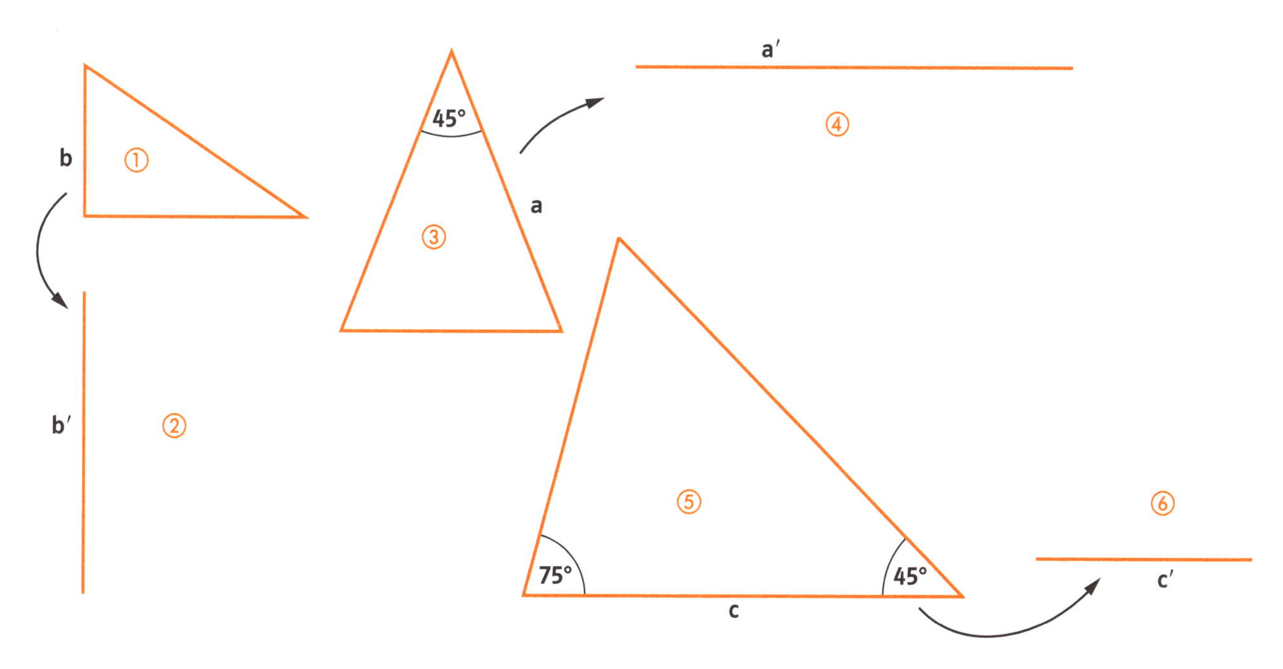

3 Ergänze die Tabelle.

Bildlänge	20 cm	16 cm	8 m		4,8 cm	
Maßstab	2 : 5	8 : 3		3 : 4		5 : 8
Originallänge			32 m	42 dm	7,2 cm	1 km

4 [●●] Ein Quader hat die Kantenlängen a = 8 cm; b = 4 cm und c = 5 cm.

a) Berechne den Oberflächeninhalt. Tipp: $O = 2(a \cdot b) + 2(a \cdot c) + 2(b \cdot c)$.

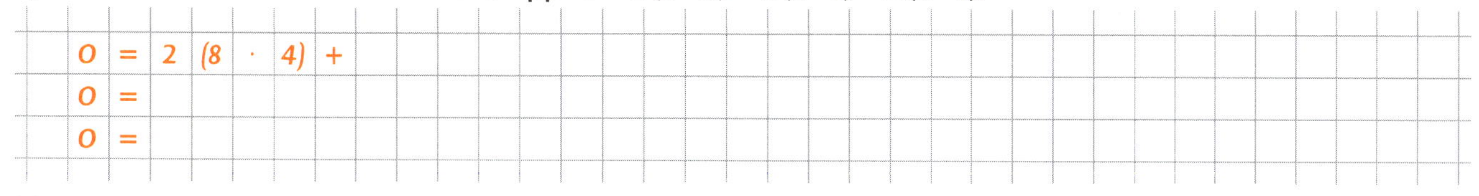

b) Berechne den Oberflächeninhalt bei einem maßstabsgerecht vergrößerten Körper (Maßstab 2 : 1).

c) In welchem Verhältnis stehen die Oberflächen zueinander? Verhältnis der Oberflächen: .... : ....

Vergrößerte und verkleinerte Figuren*

1 Ist die Figur II ein Streckbild der Figur I? Wenn ja, zeichne das Streckzentrum Z ein und gib den Streckfaktor k an.

a)

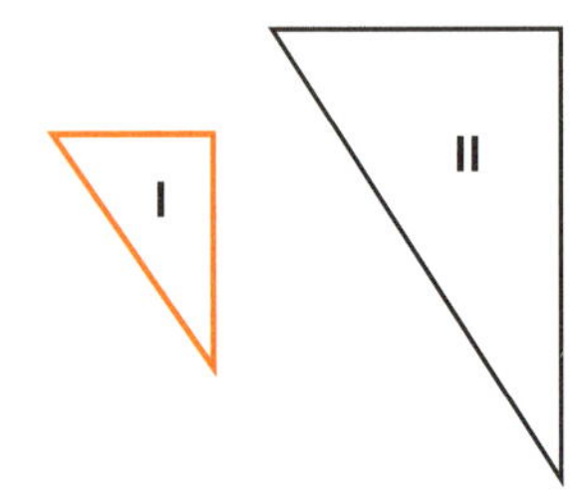

k = ...

b)

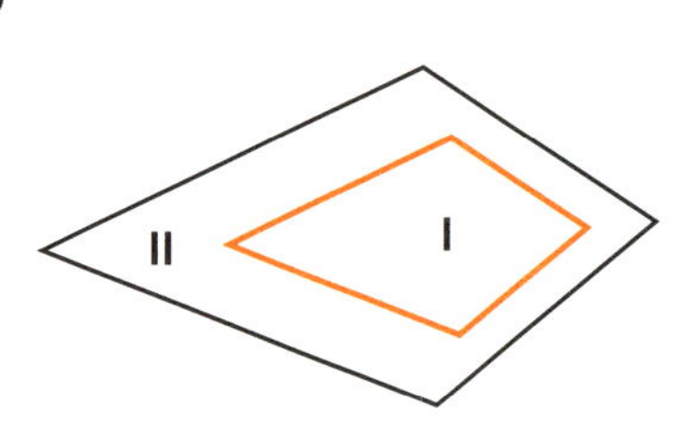

k = ...

c)

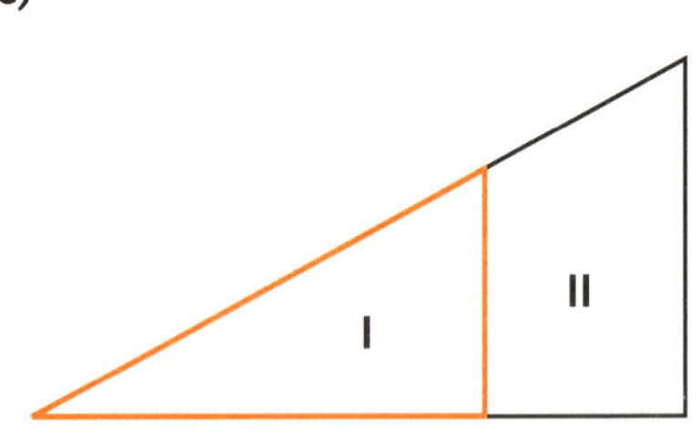

k = ...

2 Strecke die Figuren vom Streckzentrum Z aus.

a) Z ×

k = 2,2

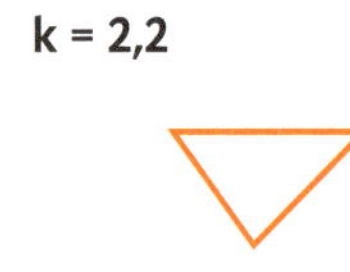

b) k = 0,7

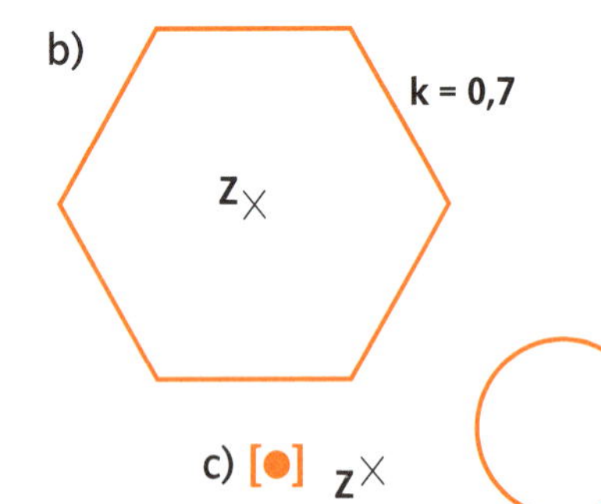

c) [●] Z ×

k = 3

3 [●] a) Strecke den Würfel vom Streckzentrum Z aus mit dem Streckfaktor k = 2.

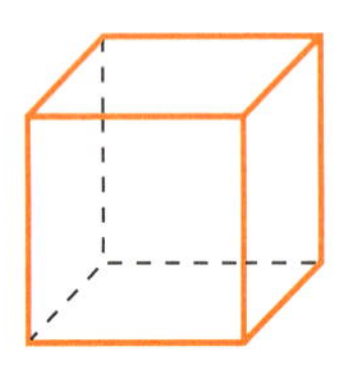

b) In welchem Verhältnis stehen die Volumina zueinander? Verhältnis V_1 zu V_2 .... : ....

4 [●●] Das Sechseck ABCDEF wird mit negativem Streckfaktor abgebildet. Ergänze die Bildfigur.

k = – 0,5

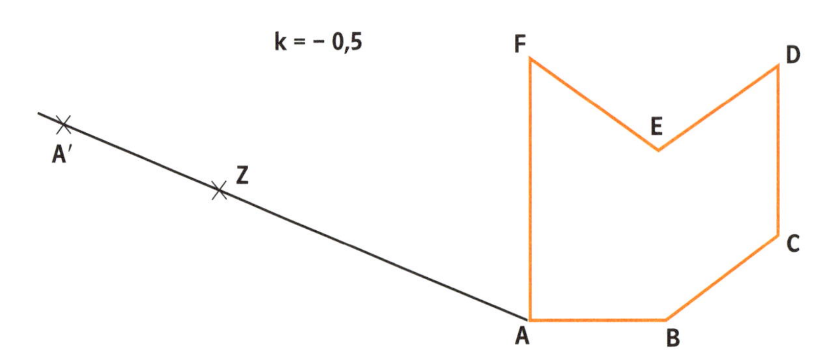

1 a) Fabian hat aufgeschrieben, wie er das Schrägbild eines Prismas zeichnet.

Das Schrägbild eines Quaders mit 5 cm Länge, 3 cm Breite und 2 cm Höhe zeichne ich so:
- *Zuerst zeichne ich die Vorderfläche mit den Maßen 5 cm und 3 cm.*
- *Dann zeichne ich die Kanten 2 cm nach hinten.*
- *Zuletzt zeichne ich die Rückseite. Fertig!*

Dazu hat Fabian eine Zeichnung gemacht.

Was hat Fabian falsch gemacht? Markiere die Fehler im Text und in der Zeichnung.

b) Schreibe auf, wie das Schrägbild richtig gezeichnet wird und zeichne es dann.

2 Vervollständige die Schrägbilder der Prismen.

a) b) c)

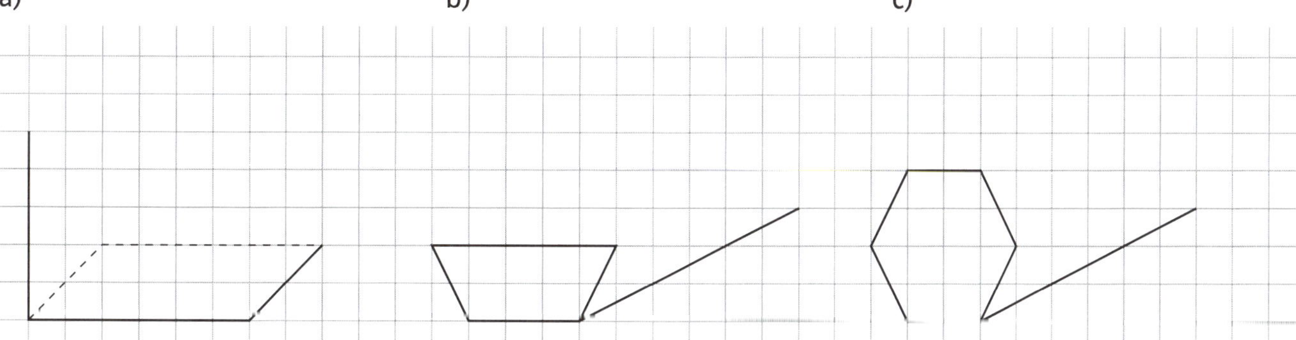

3 Vervollständige die Schrägbilder der quadratischen Pyramiden.

a) b) Höhe 2 cm c) [●] Höhe 1,5 cm

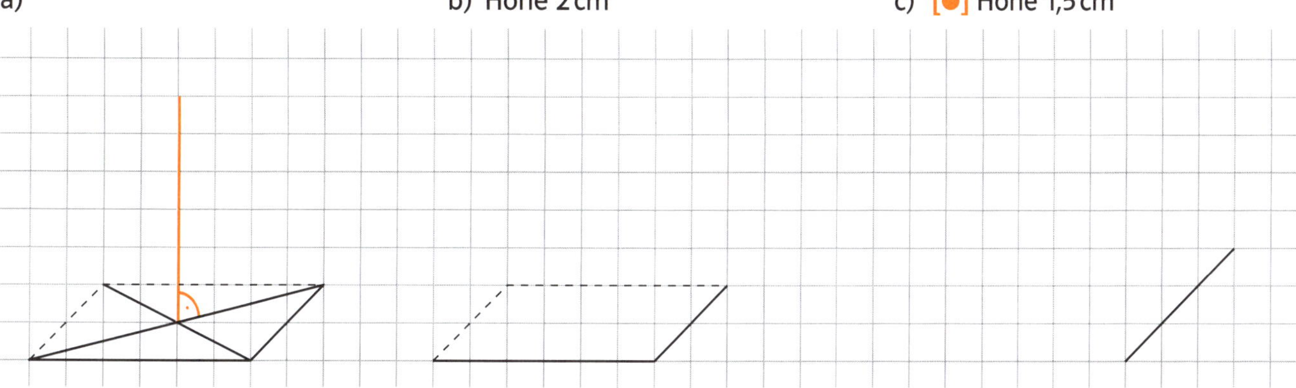

Zwei Strahlen und zwei Parallelen*

Tipp

Werden zwei Strahlen von zwei Parallelen geschnitten, so gilt:

1. Strahlensatz:

$\frac{a_1}{a_2} = \frac{b_1}{b_2}$ und $\frac{a_1}{a_3} = \frac{b_1}{b_3}$

2. Strahlensatz:

$\frac{c_1}{c_2} = \frac{a_1}{a_2}$ und $\frac{c_1}{c_2} = \frac{b_1}{b_2}$

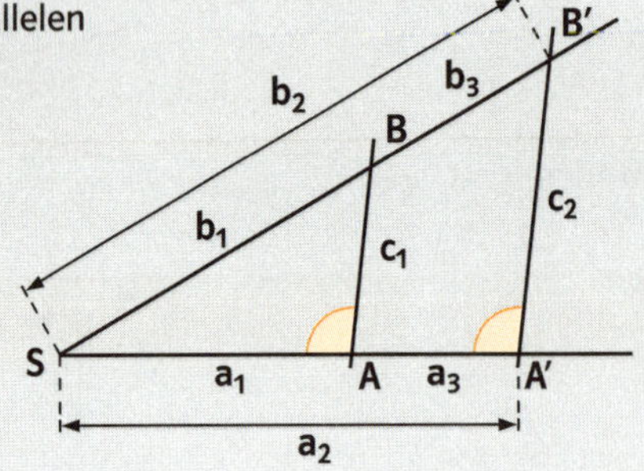

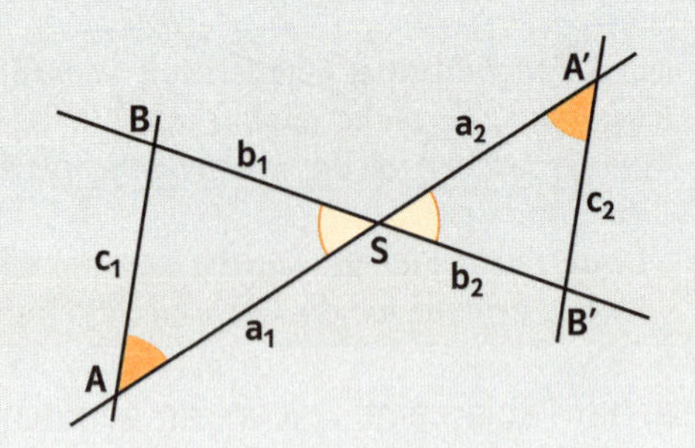

1 [✓] Berechne die Strecke x. (Maße in cm)

a)

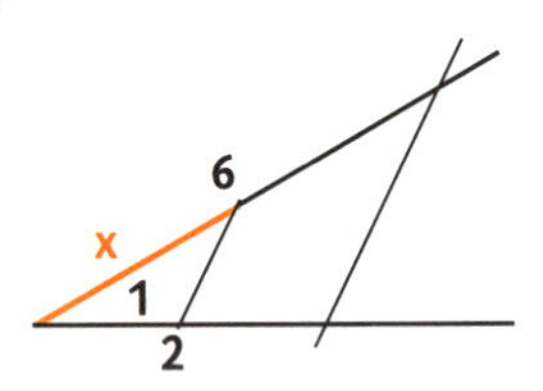

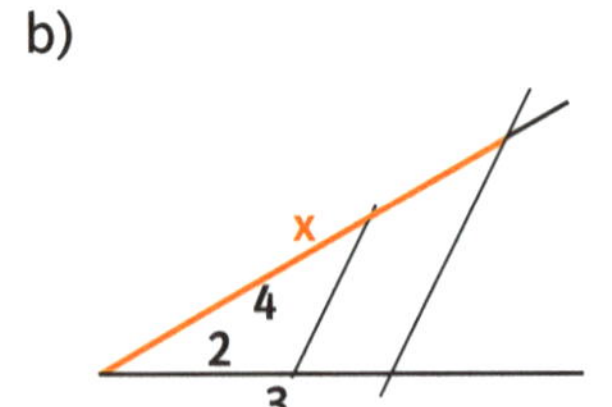

b)

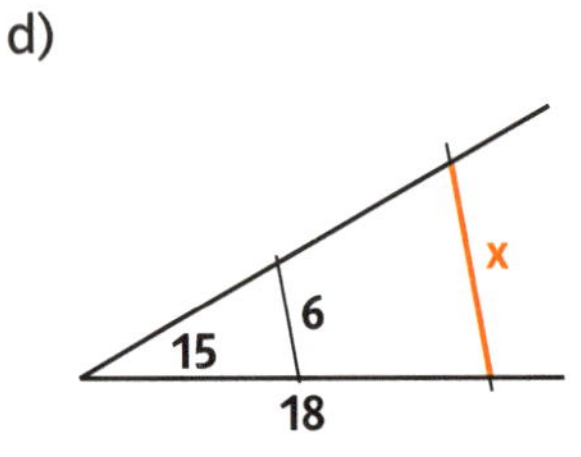

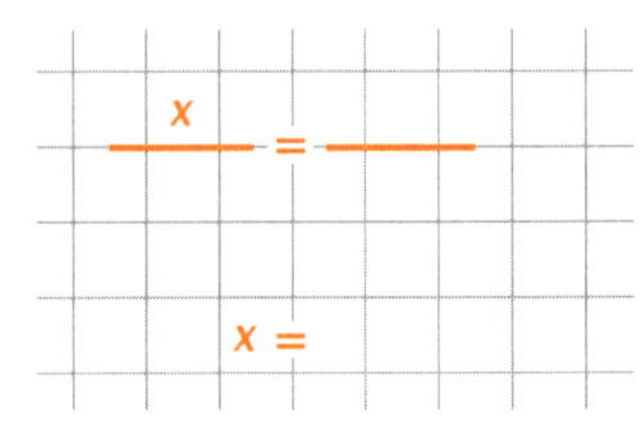

c)

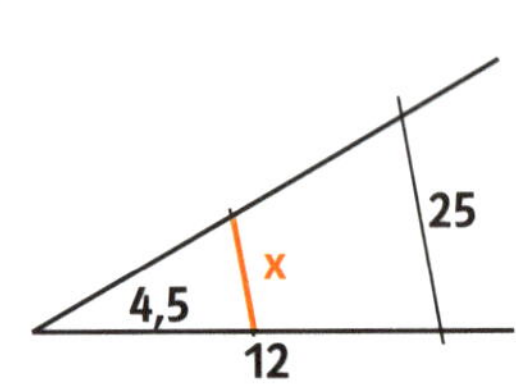

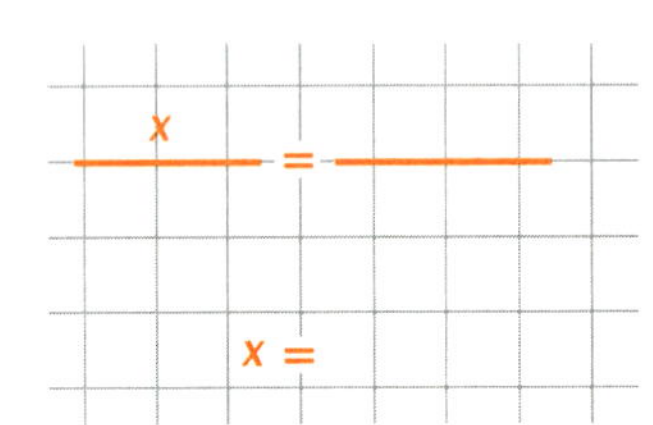

d)

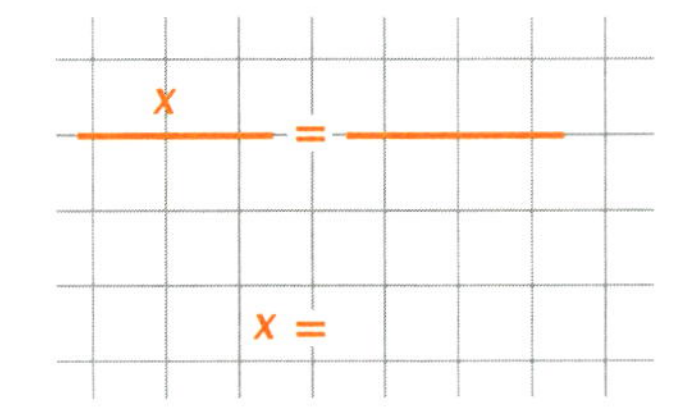

2 [✓] Berechne die Strecken x und y. (Maße in cm)

a)

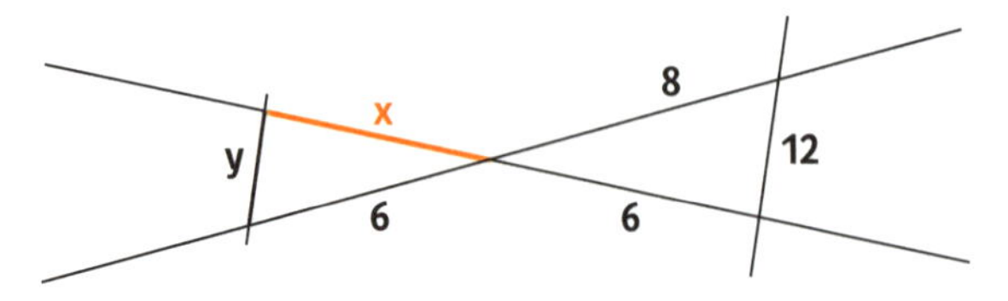

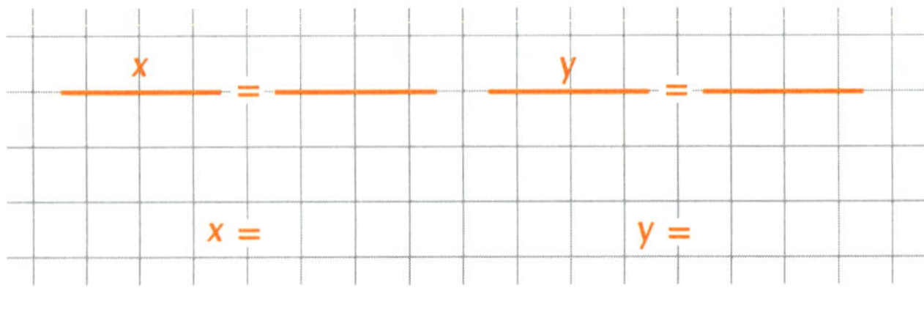

b)

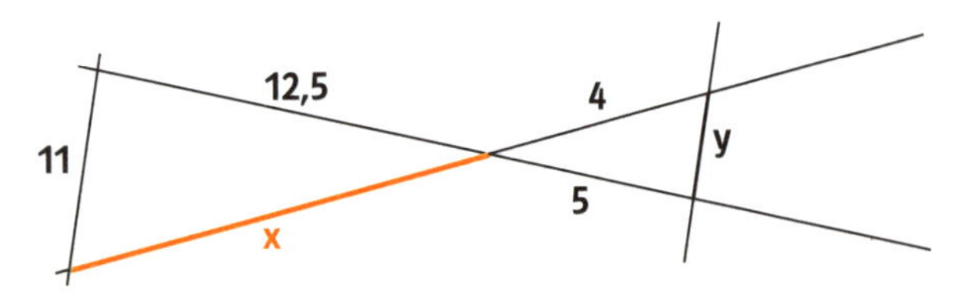

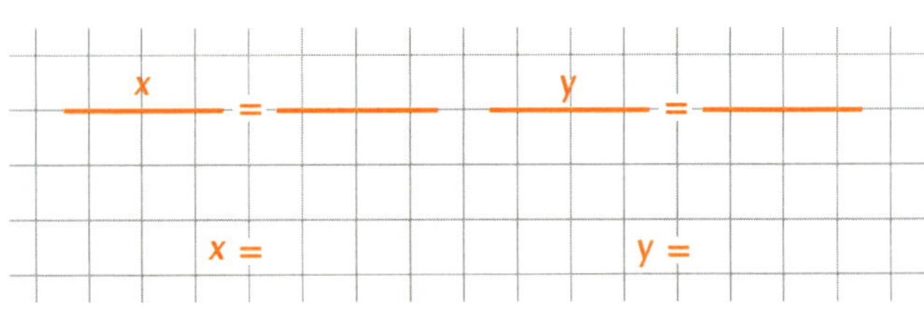

Ergebnisse 3; 4,4; 4,5; 6; 7,2; 9; 9,4; 10

3 [●] Verlaufen die Geraden r und s parallel zueinander?
Prüfe rechnerisch.

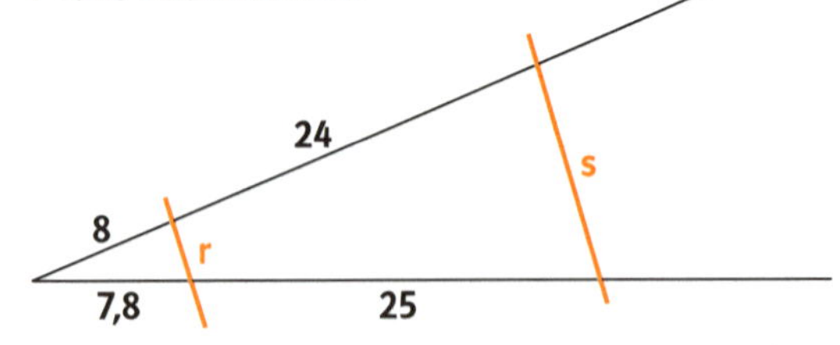

1 [✓] Überprüfe mithilfe der Strahlensätze, welche der beiden Zahlen jeweils stimmen. (Maße in cm)

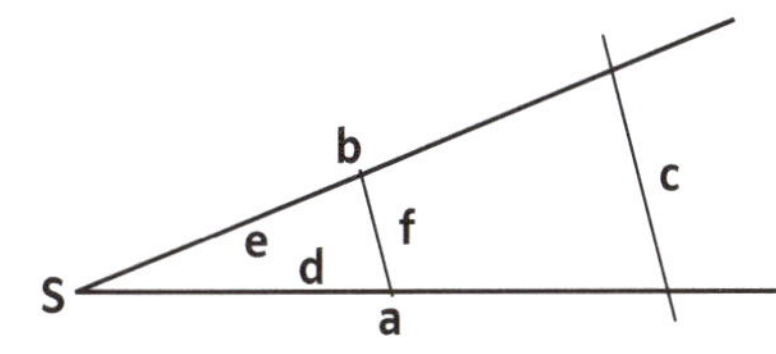

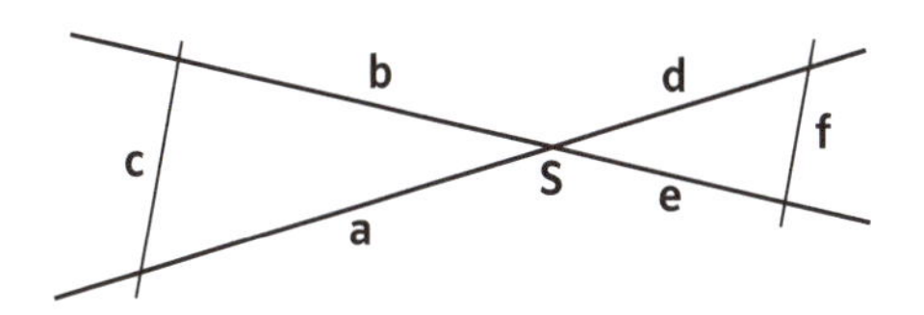

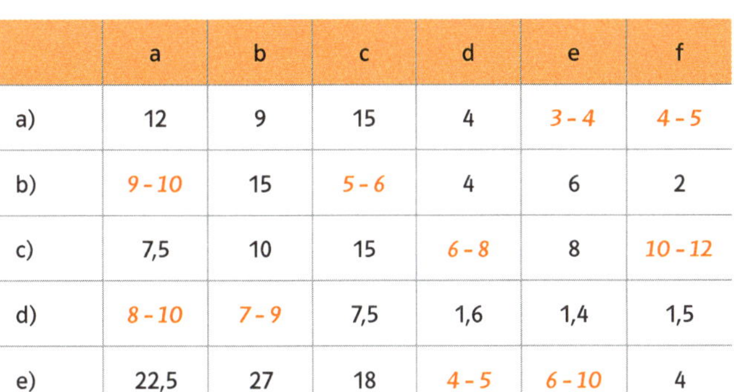

	a	b	c	d	e	f
a)	12	9	15	4	3 - 4	4 - 5
b)	9 - 10	15	5 - 6	4	6	2
c)	7,5	10	15	6 - 8	8	10 - 12
d)	8 - 10	7 - 9	7,5	1,6	1,4	1,5
e)	22,5	27	18	4 - 5	6 - 10	4

	a	b	c	d	e	f
a)	14	10	12	7 - 8	3 - 5	6
b)	8 - 9	27	18	4	12	8 - 9
c)	18	13,5	12	12	8 - 9	8 - 12
d)	9,6	12	6 - 8	8	10 - 12	5
e)	21	30 - 45	30	2,8	6	4 - 8

Ergebnisse (ohne Einheiten) 3; 4; 5; 5; 5; 5; 6; 6; 6; 7; 7; 8; 8; 8; 9; 9; 10; 10; 12; 45

2 Berechne die Seite x. (Maße in cm)

a)

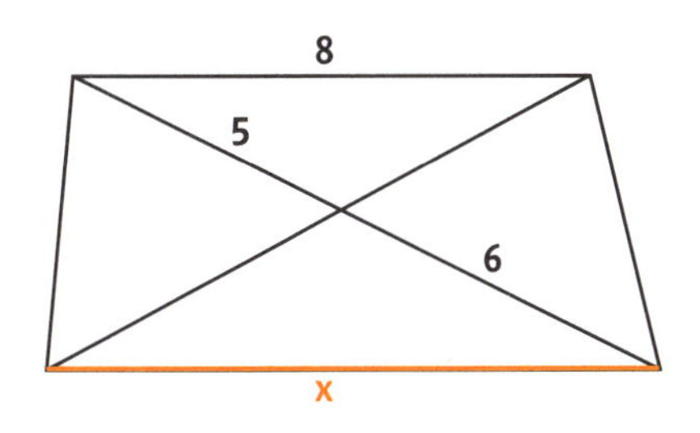

b) [●●]

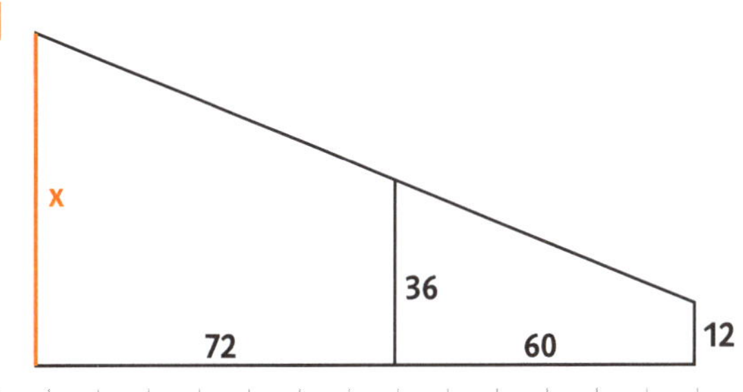

c)

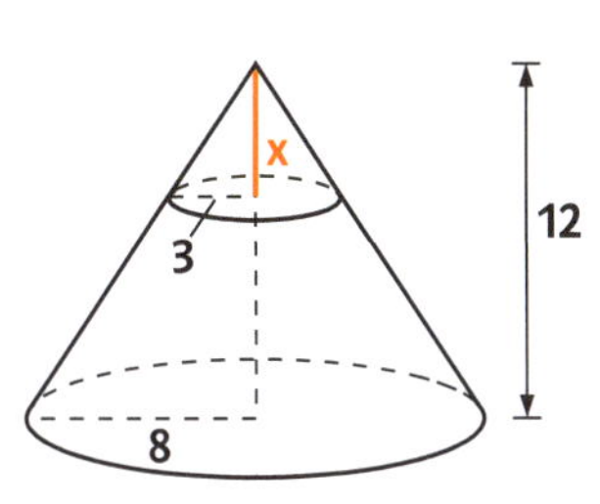

d) [●]

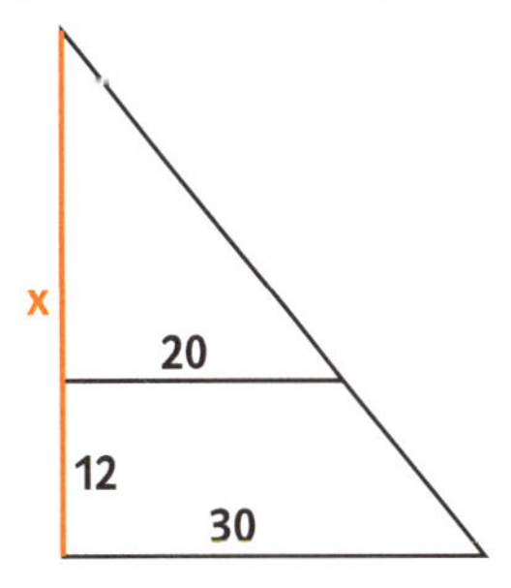

1 Berechne die Länge des Sees. (Maße in m)

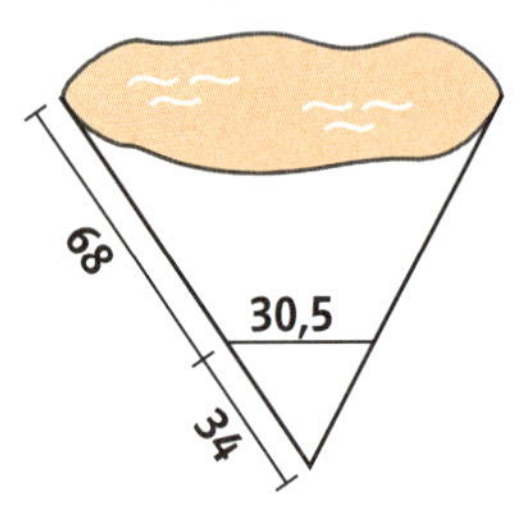

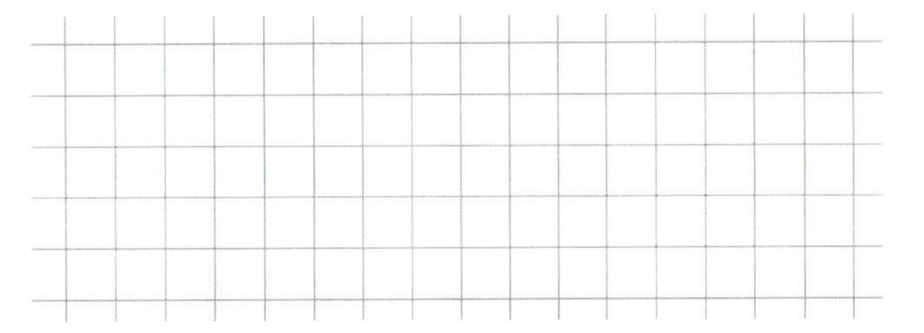

2 Berechne die Höhe des Turmes. (Maße in m)

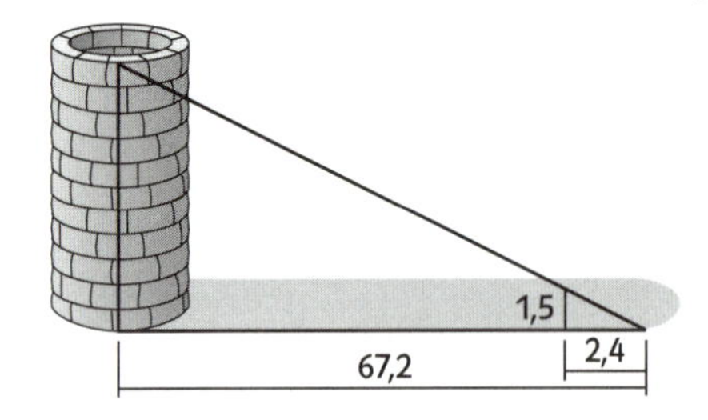

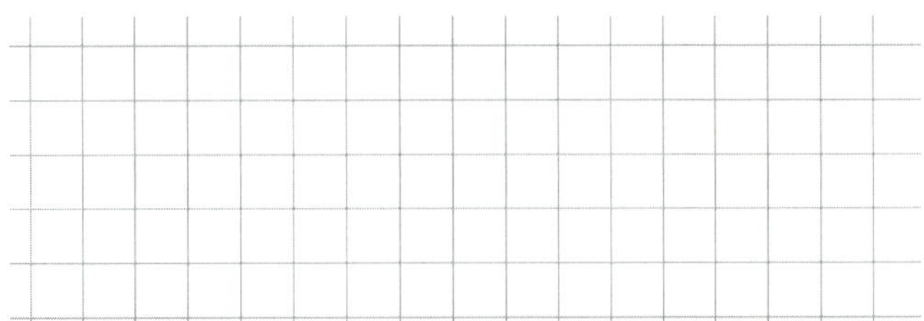

3 Wie hoch ist der Dachboden? (Maße in m)

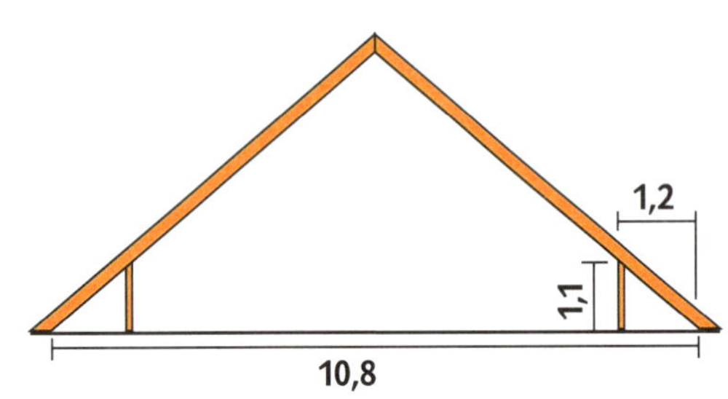

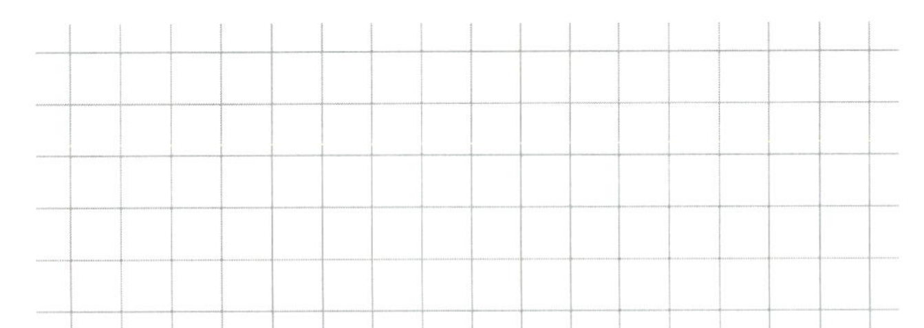

4 [●] Welche Höhe erreicht die Trittleiter? (Maße in m)

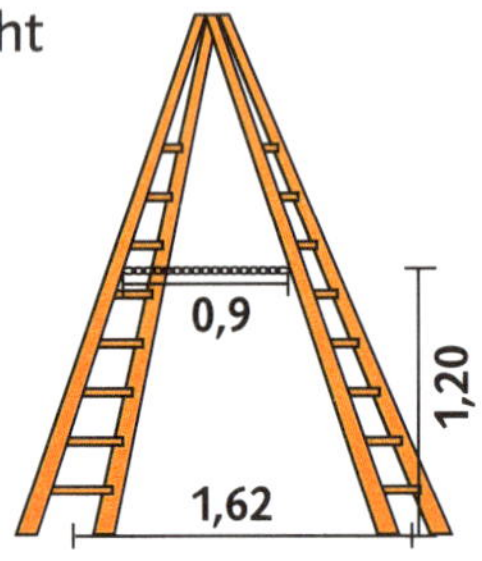

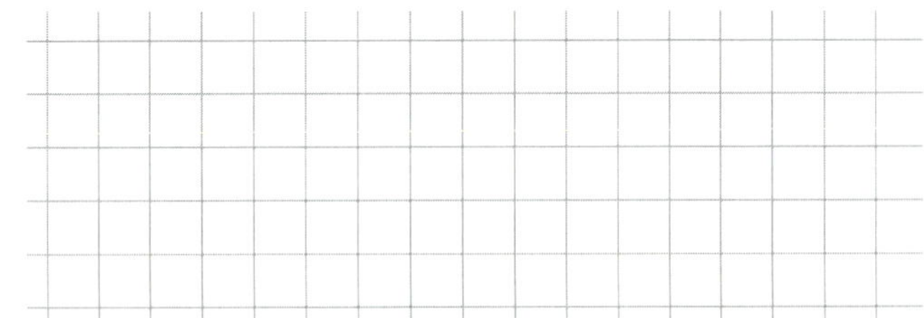

5 [●] Bestimme die Breite des Flusses. (Maße in m)

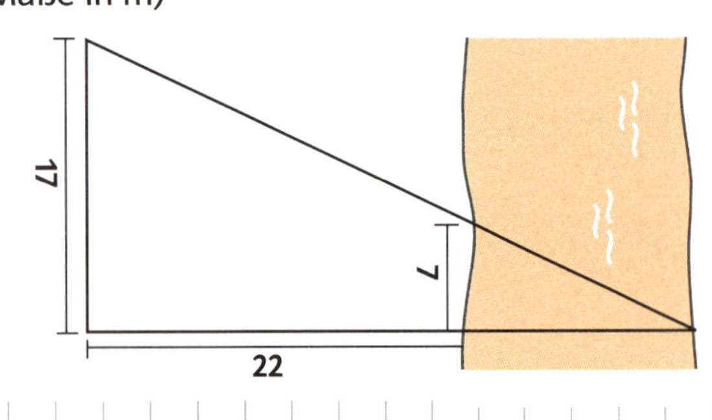

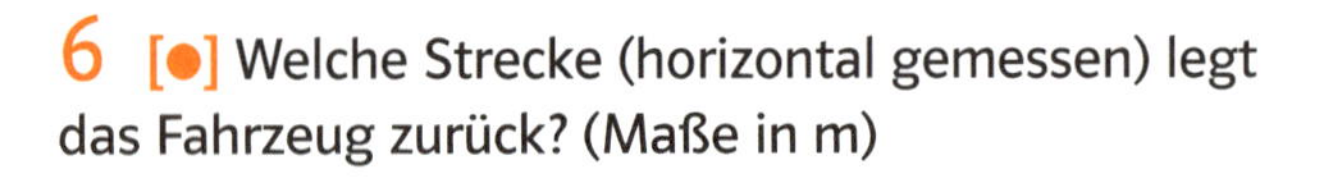

6 [●] Welche Strecke (horizontal gemessen) legt das Fahrzeug zurück? (Maße in m)

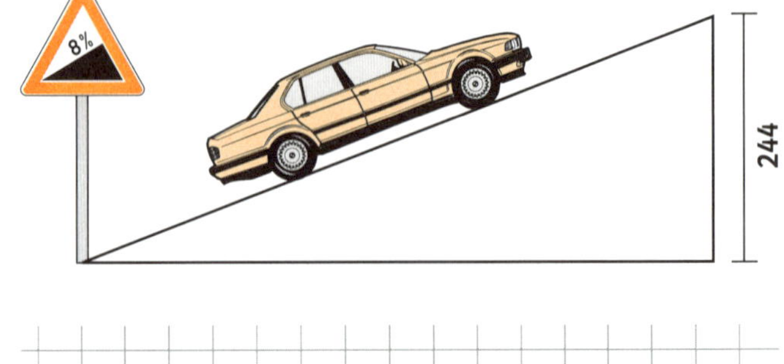

 ▻ Schülerbuch, E-Kurs Seite 27 bis 30

Überlege mithilfe des Lernrückblicks, ob du alles verstanden hast.

1 a) Wenn ich eine Zeichnung maßstabsgerecht vergrößere/verkleinere, achte ich darauf, dass

...

Der Maßstab gibt dabei an, ...

b)* Wenn ich eine zentrische Streckung durchführe, gehe ich folgendermaßen vor:

...

c) Beispiel/e

2 Ein Schrägbild in der Kabinettprojektion zeichne ich, indem ich ...

Beispiel

3* Wenn zwei sich schneidende Geraden von zwei Parallelen geschnitten werden, gilt: ...

Beispiel

4 Entscheide dich.

☐ Ich fühle mich fit im Bereich „Konstruieren und Projizieren" und mache den Test auf der nächsten Seite.

☐ Bevor ich den Test mache, übe ich erst noch Folgendes: ...

 ▻ Schülerbuch, E-Kurs Seite 18 bis 34, G-Kurs Seite 30 bis 42

[einfach]

1 1 cm auf der Karte entsprechen 1 m in der Wirklichkeit. Gib den Maßstab k an.

k = ...

2 Ergänze die fehlenden Werte.

Bild	Maßstab k	Original
3 cm	1 : 1000	
12 cm	3 : 5	
24 cm	0,6	

3 Welche Figuren sind zueinander maßstabsgerecht gezeichnet?

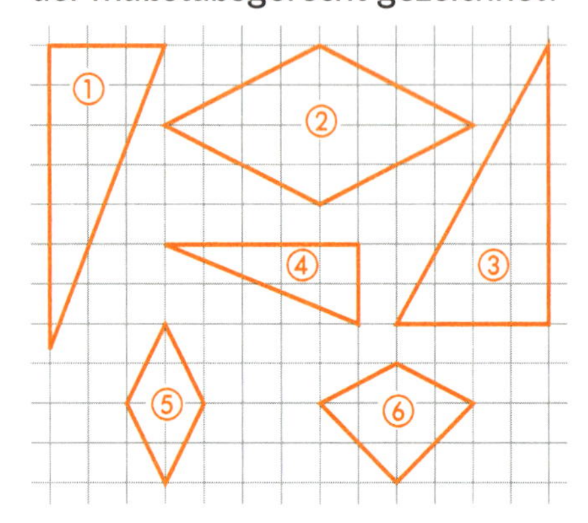

.... und ....; .... und ....

4 Zeichne einen Quader mit a = 2,5 cm; b = 4 cm; c = 1 cm in der Kabinettprojektion.

5 Ergänze das Schrägbild der Pyramide mit der Höhe 2 cm.

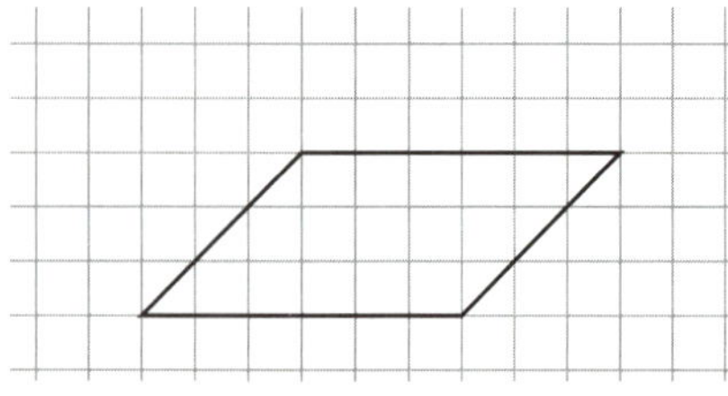

[mittel]

1 Wie viel km in der Wirklichkeit entsprechen 4,4 cm auf der Karte beim Maßstab 1 : 25 000?

.... km

2 Ergänze die fehlenden Werte.

Bild	Maßstab k	Original
18 cm	4 : 5	
8 cm		10 cm
	1,2	36 dm

3 Welche Dreiecke sind zueinander maßstabsgerecht gezeichnet?

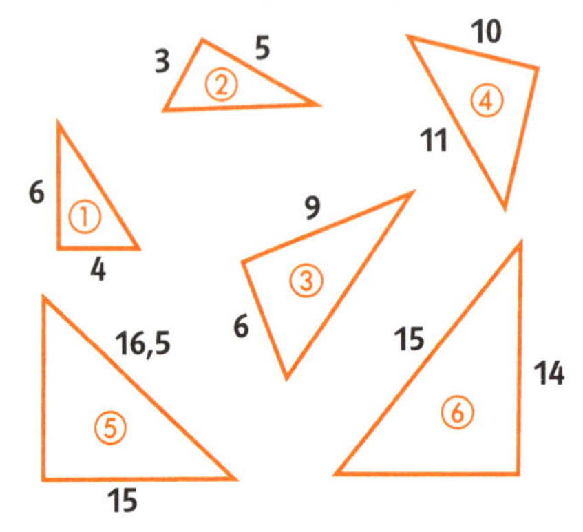

.... und ....; .... und ....

4 Zeichne ein Prisma, dessen Grundseite ein gleichseitiges Dreieck mit der Seitenlänge 2 cm und dessen Höhe 4 ist ist, in der Kabinettprojektion.

5 Ermittle den Maßstab k und ergänze die Bildfigur.

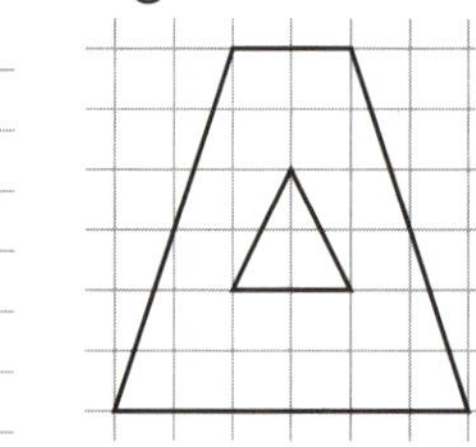

[schwieriger]

1 Wie groß ist die Fläche eines Sportplatzes (120 m · 70 m) im Bild bei dem Maßstab 1 : 4000?

.... cm²

2 Ergänze die fehlenden Werte.

Bild	Maßstab k	Original
13,2 cm	4 : 11	
	2,5	17,5 cm
8,7 cm		11,6 cm

3 Berechne die gekennzeichneten Seitenlängen der maßstabsgerechten Figuren.

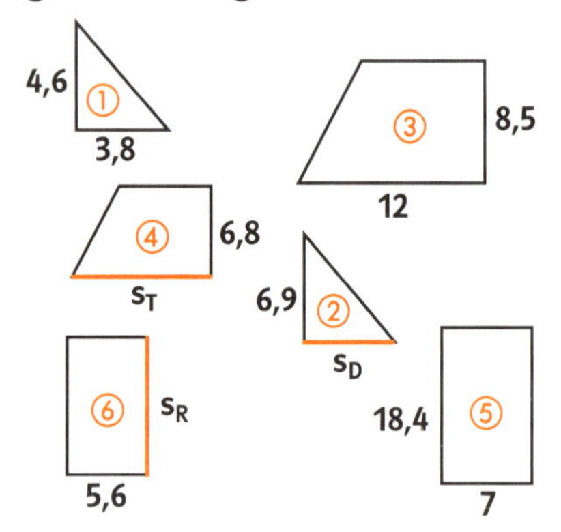

s_D = ...; s_T = ...; s_R = ...

4 Strecke das Viereck mit dem Streckfaktor 0,5.

5 Berechne die Strecken s und t. (Maße in cm)

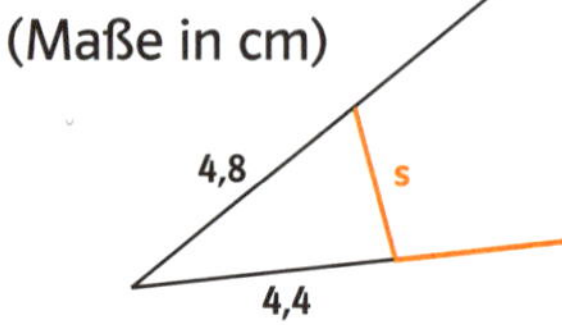

s = ... ; t = ...

Prüfe anhand der Lösungen in der Beilage.

EL WE Energie Leistungsverband Weser-Ems

Empfänger Matthias Meier Große Gasse 9 49775 Breitenmoor	**Kundennummer** 25506/70870 bitte stets angeben	**Rechnungsdatum** 12.04.2008

Zähler-Nr. (1)	Abrechnungszeitraum von	bis (2)	Tage	Zählerstand (3) alt	neu	Verbrauch kWh (4)	Arbeitspreis ct/kWh (5)	Arbeitsbetrag Euro (6)	Grundbetrag Euro (7)	Nettobetrag Euro (8)
720021	03.04.2007	31.08.2007	151	7769	8830	1061	10,39	110,24	32,80	143,04
	01.09.2007	31.12.2007	122	8830	9803	973	10,67	103,82	26,42	130,24
	01.01.2008	03.04.2008	94	9803	10681	878	11,15	97,90	20,22	118,12

Netto-Rechnungsbetrag Euro (9)	Umsatzsteuer 19 % Euro (10)	Brutto-Rechnungsbetrag Euro (11)	Jahres-Abschlagsbetrag Euro (12)	Restbetrag Euro (13)	neuer monatlicher Abschlagsbetrag Euro (14)	fällig erstmals am (15)
391,40	74,37	465,77	418,80	46,97	38,90	05.05.2008

1 [●] Betrachte die Rechnung des Energieversorgungsunternehmens für Herrn Meier.

a) Übertrage die Nummern in den einzelnen Rechnungsspalten zur unten stehenden Erklärung.

Jeder Kunde besitzt einen Stromzähler, der in den Hauptstromkreis geschaltet ist und die genutzte Energie in kWh (Kilowattstunden) misst. (1)	Die Differenz aus altem und neuen Zählerstand gibt an, wie viele kWh Energie im Ablesezeitraum genutzt wurden. (4)	Differenz aus Brutto-Rechnungsbetrag und Jahres-Abschlagsbetrag; diese muss der Kunde noch zahlen. (13)	Steuer für Lieferungen, die ein Unternehmer gegen Entgelt im Rahmen seines Unternehmens im Inland ausführt. (6)
Geld, das der Kunde im Abrechnungszeitraum als Abschlag bereits bezahlt hat. (12)	Jeder Kunde muss unabhängig vom Verbrauch in kWh auch einen festen Betrag pro Monat zahlen, den … (7)	Es werden der Zählerstand der letzten (alt) und der jetzigen Ablesung (neu) notiert. (3)	Da der Kunde 46,97 € zu wenig gezahlt hatte, muss er nun monatlich etwas mehr bezahlen. (14)
Angabe, wann und wie oft die elektrische Energie zur Verfügung gestellt wurde. (3)	Summe der Nettobeträge (9)	Kosten aus Arbeitsbetrag und Grundbetrag ohne Umsatzsteuer (8)	Anzahl der kWh mal Arbeitspreis (Verbrauchskosten)
Preis, der angibt, wie viel eine kWh elektrische Energie kostet. (5)	Summe aus Nettorechnungsbetrag und Umsatzsteuer (11)	Zu diesem Termin wird der neue Betrag erstmalig abgebucht. (15)	

b) Warum wurden die Stromzähler dreimal im Jahr abgelesen?

....

c) Wie hat sich der Grundbetrag in den einzelnen Ablesezeiträumen verändert? Berechne ihn in Cent pro Tag.

3.4.07 – 31.8.07: *3280 ct : 151 Tage ≈* ....

1.9.07 – 31.12.07: ....

1.1.08 – 3.4.08: ....

d) Welcher Tarif ist besonders teuer? Antworte ohne zu rechnen. Begründe!

....

2 [●] Ein anderes Energieversorgungsunternehmen bietet die elektrische Energie zu einem Arbeitspreis von 11,15 ct/kWh und einem Grundbetrag von 19,20 ct / Tag an. Berechne in deinem Heft Arbeitsbetrag, Netto-Rechnungsbetrag, Umsatzsteuer und Brutto-Rechnungsbetrag bei einem Verbrauch von 1061 kWh in einem Zeitraum von 151 Tagen. Vergleiche mit der Rechnung von Herrn Meier.

3 Frau Hansen bezieht ihren Strom von der Firma *Energy* und hat ihren Stromverbrauch in einem Schaubild dargestellt.

a) Lies die Stromkosten ab und trage sie in die Tabelle ein.

b) Was sagen die Punkte P_1 und P_2 aus?

P_1: ....

P_2: ....

c) Was kostet eine kWh elektrische Energie?

....

d) Stelle einen Term auf zur Berechnung der Stromkosten.

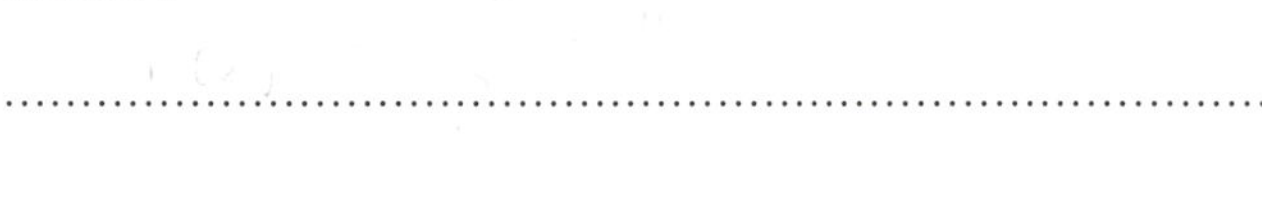

....

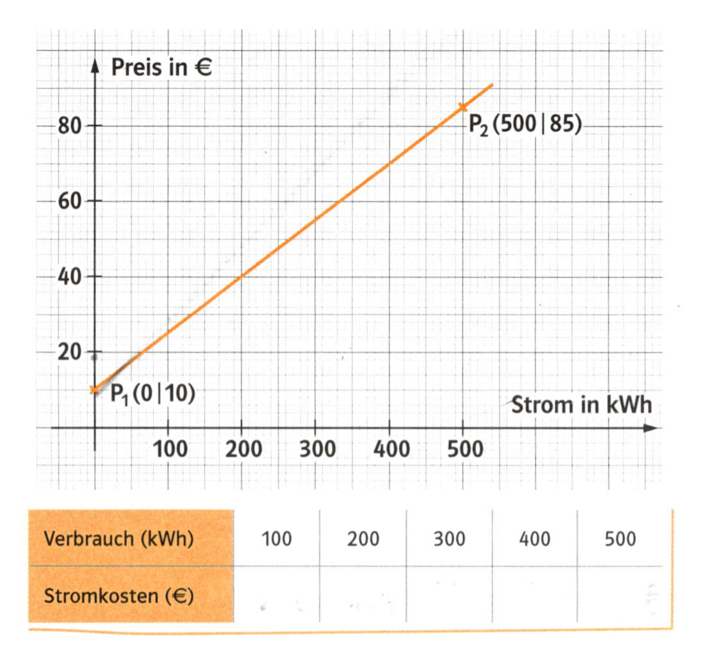

Verbrauch (kWh)	100	200	300	400	500
Stromkosten (€)					

4 a) Zeichne für das Angebot des Öko-Stromanbieters den Graphen in das obige Koordinatensystem.

b) Lohnt sich ein Vertragsschluss mit dem Anbieter?

....

c) Erstelle einen Term zur Berechnung des Nettobetrages.

....

> Leisten Sie einen Beitrag zum Umweltschutz!
> **Öko-Strom**
> 100 % Strom aus regenerativen Energiequellen: 19,8 ct/kWh
> Grundbetrag: 8,90 € monatlich

5 [●] Eine 40-W-Glühlampe kostet 0,90 €. Ihre Lebensdauer beträgt etwa 1000 Brennstunden. Genauso hell leuchtet eine 9-Watt-Energiesparlampe. Sie kostet 6,50 € und hat eine Lebensdauer von 8000 Brennstunden.

a) Welche Kosten entstehen, wenn 1 kWh 0,16 € kostet? Übertrage die Tabelle in dein Heft, ergänze Fehlendes und setze sie fort für 2000, 4000 und 8000 Brennstunden.

b) Zeichne jeweils den Graphen der Funktion Brenndauer → Kosten in dein Heft und vergleiche.

> **Tipp**
> Elektrische Energie
> = Leistung · Zeit
> W_{el} = P · t
> W_{el} = … W · … h
> = … Wh
> = … kWh

	Brennstunden	Betrieb in Wh und kWh	Betriebskosten	Anschaffung	Gesamtkosten
Glühlampe	500 h	40 W · 500 h = 20 000 Wh = 20 kWh	20 kWh · 0,16 € = 3,20 €	0,90 €	3,20 € + 0,90 € **= 4,10 €**
Energiesparlampe	500 h	9 W · 500 h = 4500 Wh = 4,5 kWh	4,5 kWh · 0,16 € = 0,72 €	6,50 €	…
Glühlampe	1000 h	40 W · 1000 h = 40 000 Wh = 40 kWh	40 kWh · 0,16 € = 6,40 €	… €	…
Energiesparlampe	1000 h	9 W · 1000 h = 9000 Wh = 9 kWh	…	…	…
Glühlampe	2000 h	40 W · 2000 h = …	…	2 · 0,90 € =	…
…	…	…	…	…	…

▻ Schülerbuch, E-Kurs Seite 38 bis 42, G-Kurs Seite 46 bis 51

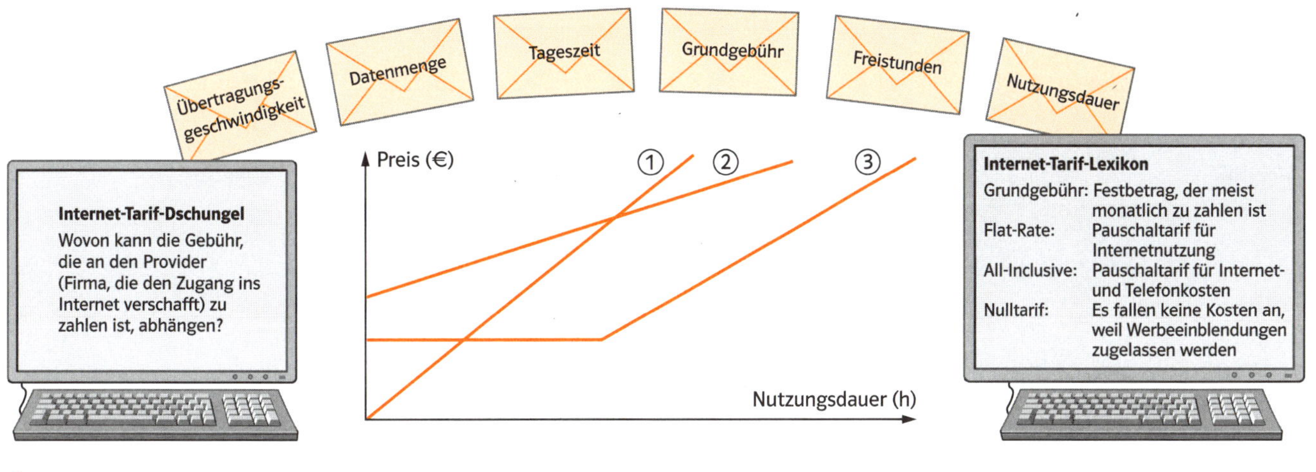

1 Vergleiche die Internettarife.

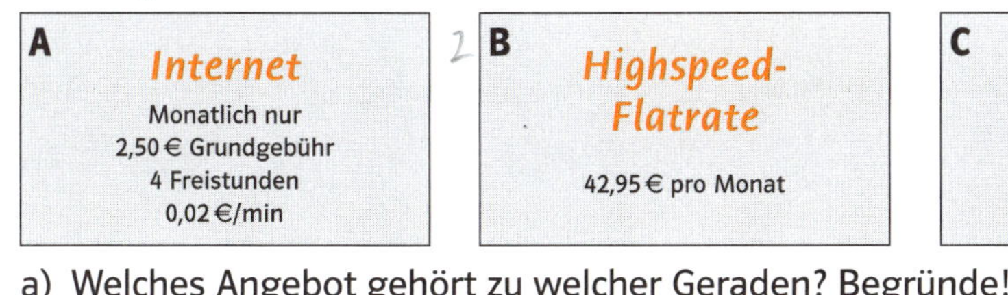

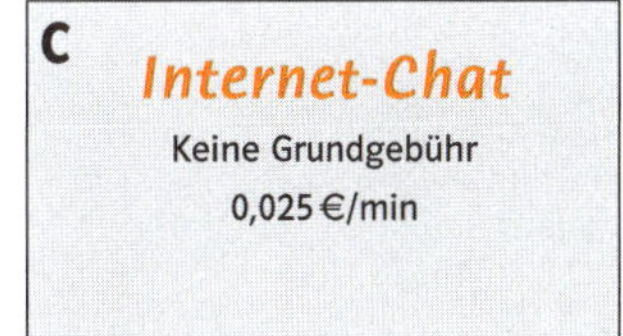

a) Welches Angebot gehört zu welcher Geraden? Begründe!

....

....

b) Wann lohnt es sich, das jeweilige Angebot anzunehmen?

....

....

2 Eine Firma bietet zwei Internet-Tarife an:

Tarif (I): Keine Grundgebühr; 0,03 €/min
Tarif (II): 3 € Grundgebühr; 0,02 €/min

a) Zeichne die Graphen der beiden Tarife in das Koordinatensystem (Rechtsachse: 1 cm ≙ 2 h Nutzungsdauer; Hochachse: 1 cm ≙ 2 €).

b) Lies den Schnittpunkt ab. S(......... | ....)

c) Was kannst du aus dem Schnittpunkt ablesen?

....

....

....

d) Stelle die Funktionsgleichungen auf.

....

....

....

....

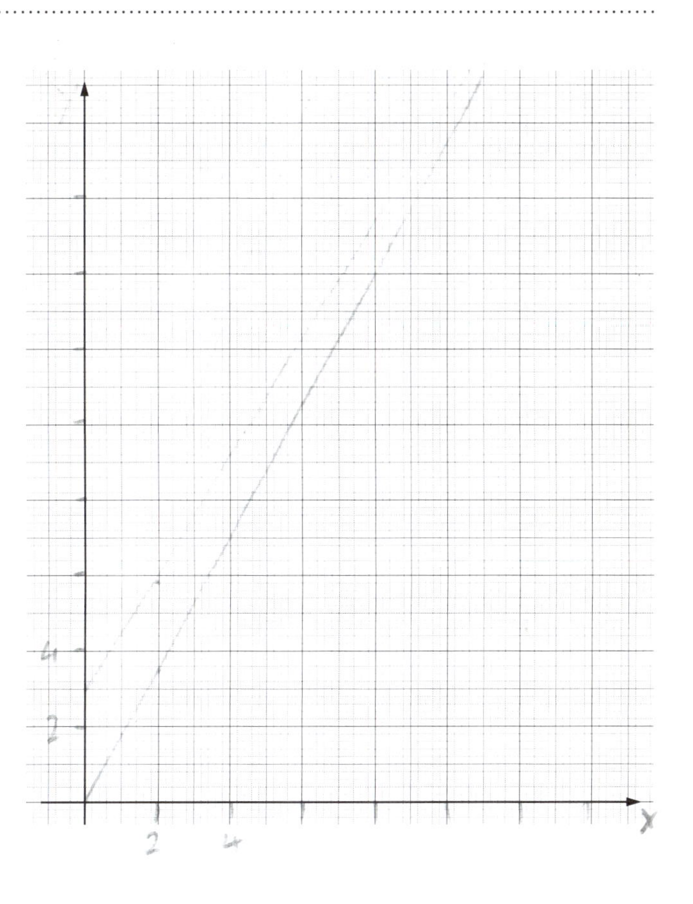

Schnittpunkte rechnerisch bestimmen*

Tipp

Schnittpunkte lassen sich auch berechnen. Im Schnittpunkt haben die Funktionen denselben Funktionswert. Deshalb setzt man die Funktionsterme gleich. Nach Umformen der Gleichung erhältst du die x-Koordinate des Schnittpunktes.

$f(x) = \boxed{3x - 3}$
$g(x) = \boxed{x + 1}$

$\boxed{3x - 3} = \boxed{x + 1} \quad | -x$
$2x - 3 = 1 \quad | +3$
$2x = 4 \quad | :2$
$x = 2$

Du erhältst die y-Koordinate des Schnittpunktes, wenn du x = 2 in eine Funktionsgleichung einsetzt.
$g(x) = x + 1$
$g(x) = 2 + 1 = 3$ **S(2|3)**

1 Bestimme die Schnittpunkte rechnerisch.

a) $f(x) = 4x - 5$
$g(x) = 3x - 3$

b) $f(x) = 5x - 22$
$g(x) = -2x - 1$

c) $f(x) = -3x - 6$
$g(x) = 5x + 26$

Terme gleichsetzen: ....

x-Koordinate berechnen: ....

....

y-Koordinate berechnen: ....

....

Schnittpunkt angeben: ....

2 Ein Gaswerk bietet seinen Kunden zwei unterschiedliche Tarife an.

Tarif	Basic	Special
Monatl. Grundgebühr	5,00 €	8,00 €
Preis je m³ Gas	0,40 €	0,25 €

a) Ab welchem Gasverbrauch lohnt sich der Special-Tarif?
b) Wie viel ist für diesen Gasverbrauch zu zahlen?

3 Ein Wasserwerk bietet seinen Kunden zwei unterschiedliche Tarife an:

Tarif	A	B
Monatl. Grundgebühr	12 €	16 €
Preis je m³ Wasser	0,40 €	0,35 €

Im Monat September hat Familie Tietze so viel Wasser verbraucht, dass der Gesamtpreis bei beiden Tarifen der gleiche ist. Wie viel Wasser hat die Familie verbraucht und wie viel muss sie bezahlen?

Tipp

Additionsverfahren

$$\begin{array}{lrcl} \text{I)} & 6x - 2y &=& 10 \\ \text{II)} & 5x + 2y &=& 12 \\ \hline & 11x + 0 &=& 22 \\ & x &=& 2 \end{array} \quad \Big\}+$$

$$\begin{array}{lrcl} \text{I)} & 6x - 2y &=& 10 \\ x = 2 \text{ einsetzen:} & 12 - 2y &=& 10 \\ & -2y &=& -2 \\ & y &=& 1 \end{array}$$

Erweiterung: Eine Gleichung durch eine Zahl dividieren

$$\begin{array}{lrcll} \text{I)} & 6x + 8y &=& 36 & \mid :2 \\ \text{II)} & 3x + 5y &=& 21 & \\ \hline \text{I)} & 3x + 4y &=& 18 & \Big\}- \\ \text{II)} & 3x + 5y &=& 21 & \\ \hline & 0 - y &=& -3 & \\ & y &=& 3 & \end{array}$$

$$\begin{array}{lrcl} \text{I)} & 3x + 4y &=& 18 \\ y = 3 \text{ einsetzen:} & 3x + 12 &=& 18 \\ & 3x &=& 6 \\ & x &=& 2 \end{array}$$

Erweiterung: Eine Gleichung mit verschiedenen Zahlen multiplizieren

$$\begin{array}{lrcll} \text{I)} & 4x + 5y &=& 21 & \mid \cdot 3 \\ \text{II)} & 3x - 2y &=& 10 & \mid \cdot 4 \\ \hline \text{I)} & 12x + 15y &=& 63 & \Big\}- \\ \text{II)} & 12x - 8y &=& 40 & \\ \hline & 0 + 23y &=& 23 & \mid :23 \\ & y &=& 1 & \end{array}$$

$$\begin{array}{lrcl} \text{II)} & 3x - 2y &=& 10 \\ y = 1 \text{ einsetzen:} & 3x - 2 &=& 10 \\ & 3x &=& 12 \\ & x &=& 4 \end{array}$$

1 Löse die Gleichungssysteme wie im Tipp.

a) $2x + 3y = 18$
$-2x + 5y = 14$

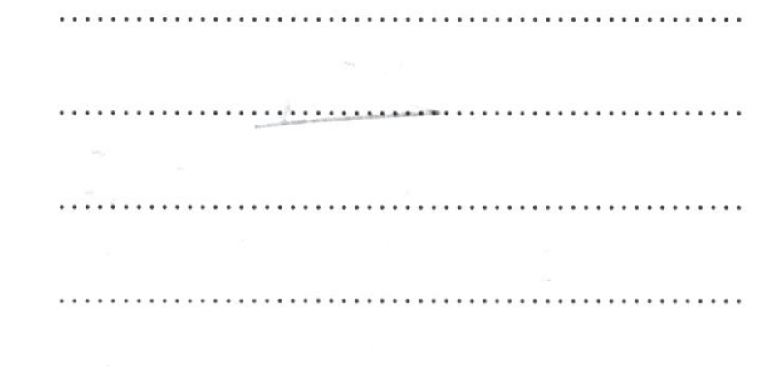

b) $12x + 6y = 78$
$4x + 5y = 35$

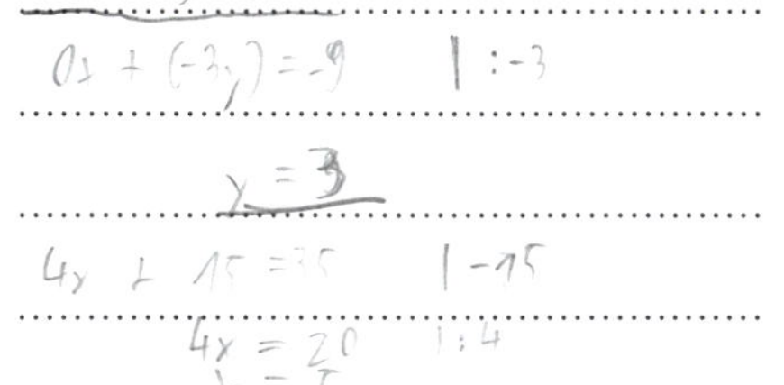

c) $11x + 5y = 38$
$2x - 6y = 0$

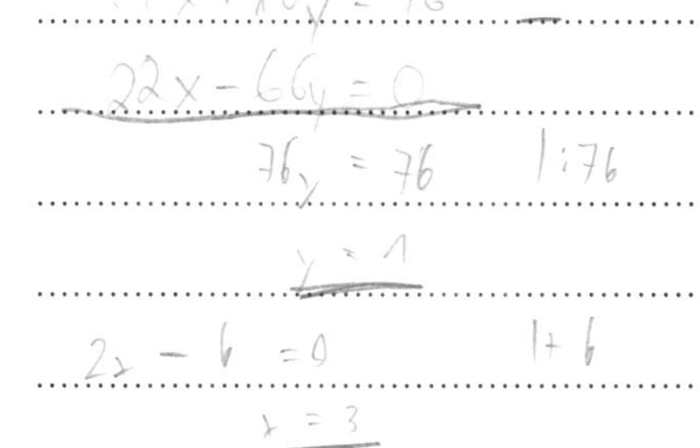

2 Stelle zu den folgenden Aufgaben Gleichungssysteme auf und löse sie mit dem Additionsverfahren.

a) Kai kauft 6 Flaschen Orangensaft und 5 Flaschen Apfelsaft für zusammen 19,60 €. Sven zahlt für 3 Flaschen Orangensaft und 4 Flaschen Apfelsaft der gleichen Sorte 11,90 €. Wie teuer ist eine Flasche Orangensaft, wie teuer eine Flasche Apfelsaft?

b) Eine Jugendherberge hat Räume mit 3 Betten und Räume mit 5 Betten. Insgesamt sind es 23 Räume mit 85 Betten. Wie viele Dreibettzimmer und wie viele Fünfbettzimmer gibt es in der Jugendherberge?

c) Ein Mann züchtet Hühner und Kaninchen. Seine Tiere haben zusammen 42 Köpfe und 132 Beine. Wie viele Hühner und wie viele Kaninchen hat er?

Gleichungssysteme lösen – Gleichsetzungsverfahren*

1 Löse das Gleichungssystem nach dem Gleichsetzungsverfahren. Löse dazu ggf. vorher eine Gleichung nach einer Variablen oder einem Vielfachen davon auf.

a) I) $y = -3x + 16$
II) $y = 2x - 4$

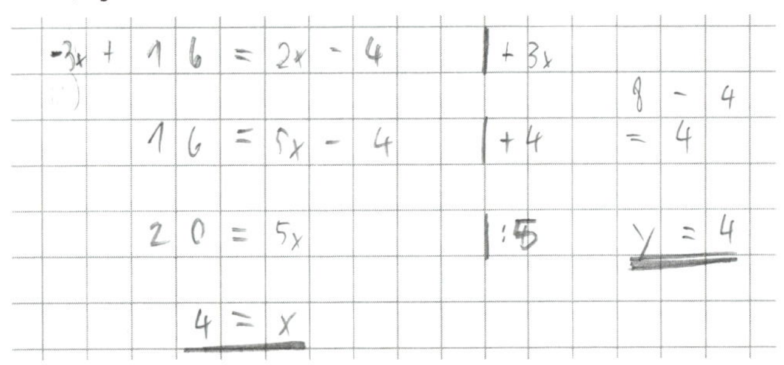

b) I) $4y = x - 4$
II) $20 - x = 4y$

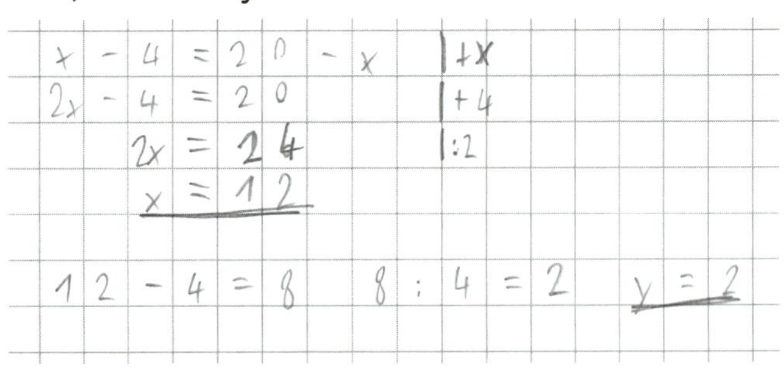

c) I) $y = -3x - 2$
II) $3x + 2y = 2$

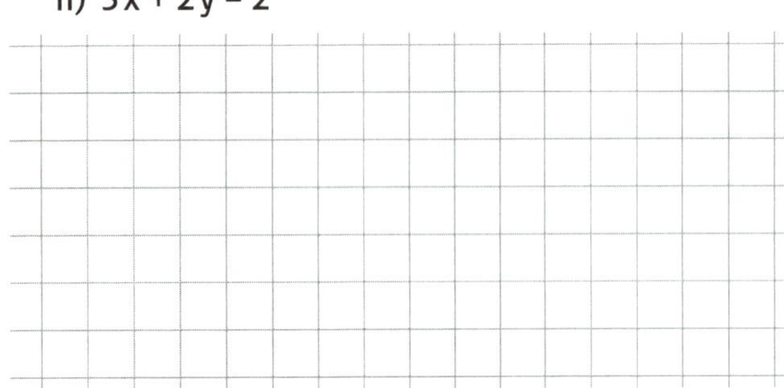

d) I) $3u + 2v = 12$
II) $v = 9 - 3u$

2 Stelle zu den folgenden Aufgaben ein Gleichungssystem auf und löse es.

a) Die Summe zweier rationaler Zahlen ist 7. Subtrahiert man vom Vierfachen der ersten Zahl das Doppelte der zweiten Zahl, so erhält man 13. Wie heißen die beiden Zahlen?

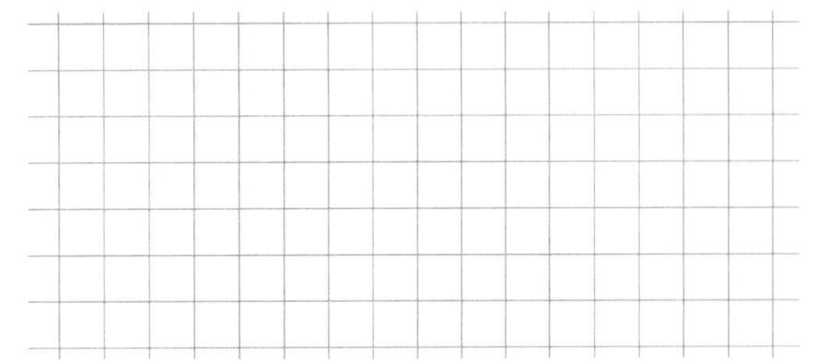

b) Der Umfang eines Rechtecks beträgt 180 cm. Die eine Seite ist 20 cm länger als die andere. Wie lang und wie breit ist das Rechteck?

c) Ein gleichschenkliges Dreieck hat den Umfang u = 18,5 m. Die Schenkel sind um 2,5 m länger als die Basis. Wie lang sind Basis und Schenkel?

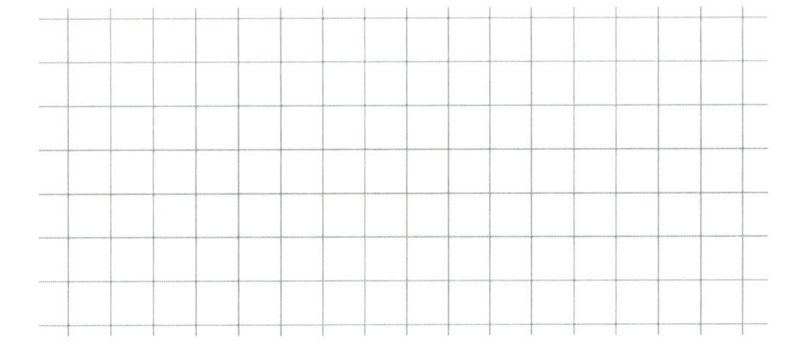

d) Franziskas Großvater wäre achtmal so alt wie sie selbst, wenn er ein Jahr älter wäre. Zusammen sind Opa und Enkelin 80 Jahre alt. Wie alt ist Franziska, wie alt der Opa?

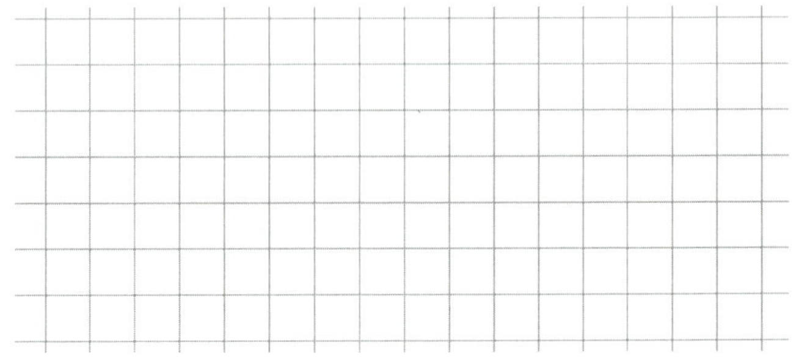

1 Beschreibe, wie hier umgeformt wurde.

a)
$$\begin{array}{ll} \text{I)} & 3y = 6x - 15 \\ \text{II)} & y = 4x - 11 \\ \hline \text{I)} & y = 2x - 5 \\ \text{II)} & y = 4x - 11 \end{array}$$

b)
$$\begin{array}{ll} \text{I)} & 4x - 2y = 16 \\ \text{II)} & x + y = 1 \\ \hline \text{I)} & 4x - 2y = 16 \\ \text{II)} & 4x + 4y = 4 \end{array}$$

c)
$$\begin{array}{ll} \text{I)} & 20x + 4y = -4 \\ \text{II)} & -3x + 3y = 6 \\ \hline \text{I)} & 60x + 12y = -12 \\ \text{II)} & -12x + 12y = 24 \end{array}$$

2 Vervielfache eine oder beide Gleichungen geschickt und löse dann das Gleichungssystem.

a)
$$\begin{array}{ll} \text{I)} & y = 5 - 3x \\ \text{II)} & 3y = 70 + 2x \end{array}$$

b)
$$\begin{array}{ll} \text{I)} & 2x + 6y = 2 \\ \text{II)} & x - 3y = 13 \end{array}$$

c)
$$\begin{array}{ll} \text{I)} & 2x + 5y = 30 \\ \text{II)} & 3x + 9y = 15 \end{array}$$

3 [●] Erfinde zu folgender Lösung ein Gleichungssystem.

a) $x = 4$
$y = 1$

b) $x = 7$
$y = 3$

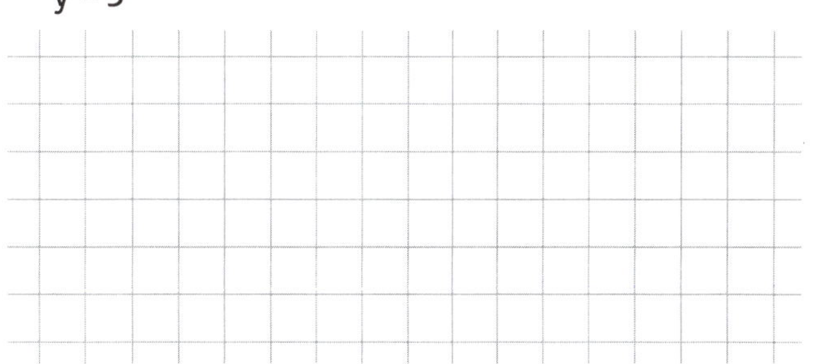

4 Löse die Aufgaben mit einem geeigneten Lösungsverfahren für Gleichungssysteme.

a) Die Differenz aus dem Fünffachen einer Zahl und dem Dreifachen einer anderen Zahl beträgt 35. Die Summe aus dem Dreifachen der ersten Zahl und aus dem Zweifachen der zweiten Zahl beträgt 40. Um welche Zahlen handelt es sich?

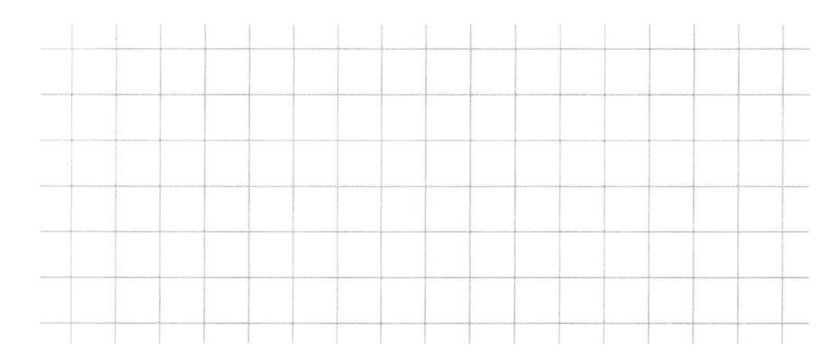

b) [●] Mischt ein Tee-Großhändler 8 kg einer Teesorte mit 12 kg einer preisgünstigeren Sorte, so kann er das Kilogramm zu 2,90 € abgeben. Mischt er aber 20 kg der teureren Sorte mit 5 kg der billigeren Sorte, so muss er das Kilogramm zu 3,40 € verkaufen. Was kostet 1 kg von jeder Teesorte?

Überlege mithilfe des Lernrückblicks, ob du alles verstanden hast.

1 a) Eine Funktion kann ich auf verschiedene Weisen beschreiben oder veranschaulichen durch ...

Beispiel

b) Eine lineare Funktion erkenne ich daran, dass ...

2 Ich kann den Schnittpunkt von zwei Funktionsgraphen bestimmen, indem ich ...

3* Darauf achte ich, wenn ich rechnerisch ein Gleichungssystem löse: ...

4 Entscheide dich.

☐ Ich fühle mich fit im Bereich „Zuordnungen und Modelle“ und mache den Test auf der nächsten Seite.

☐ Bevor ich den Test mache, übe ich erst noch Folgendes: ...

▻ Schülerbuch, E-Kurs Seite 35 bis 56, G-Kurs Seite 43 bis 60,

[einfach]

1 Ordne richtig zu.

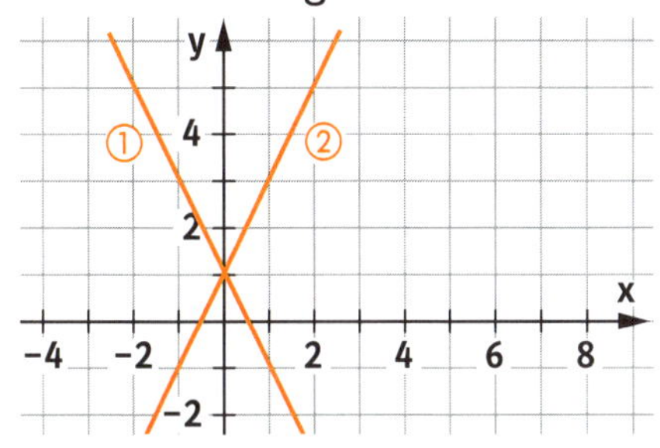

$f(x) = 2x + 1$ ① oder ② ....

$g(x) = -2x + 1$ ① oder ② ....

2 Bestimme den Schnittpunkt.
$f(x) = 2x$; $g(x) = -x + 3$

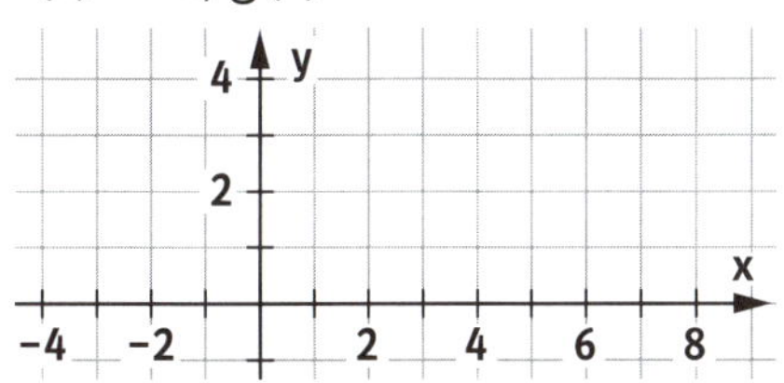

3 Das Schaubild zeigt Tarife eines Autoverleihers. Beschreibe.

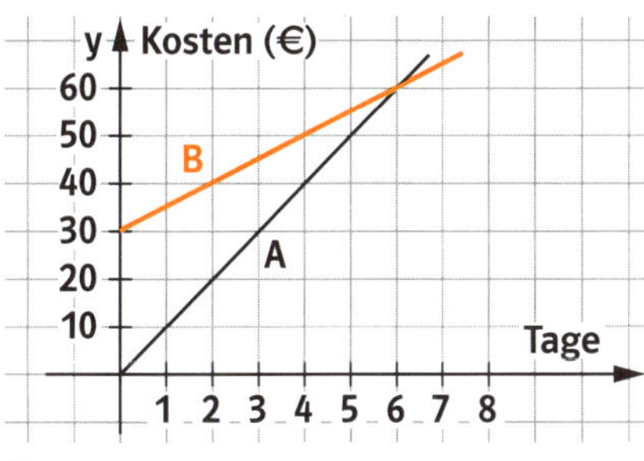

A ....

B ....

4 Die Gerade g verläuft durch P(2|2) und hat die Steigung a = 2. Zeichne die Gerade und gib die Funktionsgleichung an.

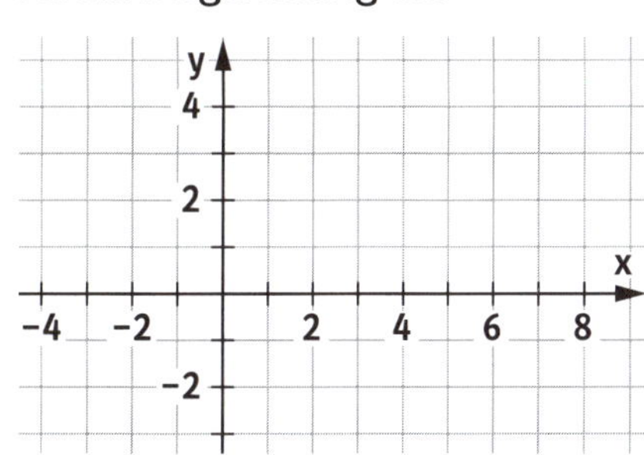

[mittel]

1 Gib die Funktionsgleichung an.

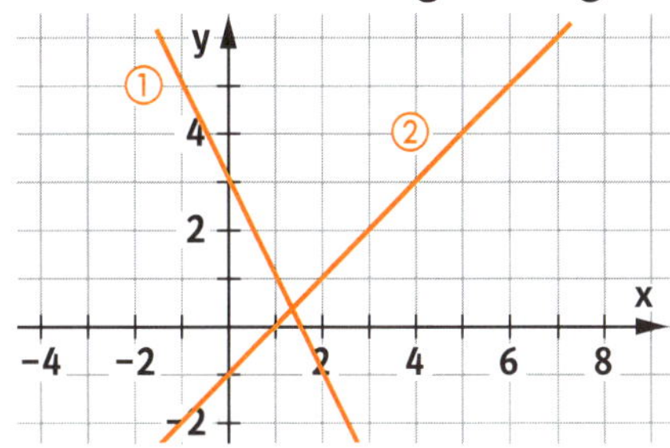

① ....

② ....

2 Zeichne die Handy-Tarife in das Schaubild. Wann ist Tarif I) günstiger?
I): Monatl. Grundgebühr 20 €; eigenes Netz 30 ct/min
II): keine Grundgebühr; eigenes Netz 50 ct/min

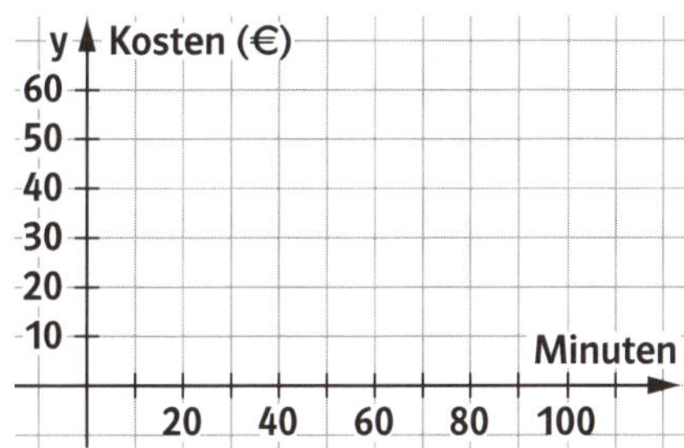

3 Bestimme den Schnittpunkt rechnerisch.
$f(x) = 3x + 2$; $g(x) = 5x - 6$

....

4 Überprüfe: Können das die Koordinaten des Schnittpunktes der Geraden sein?
$f(x) = 3x + 2$; $g(x) = 2x + 11$
S(9|30)

....

[schwieriger]

1 Gib die Funktionsgleichung an.

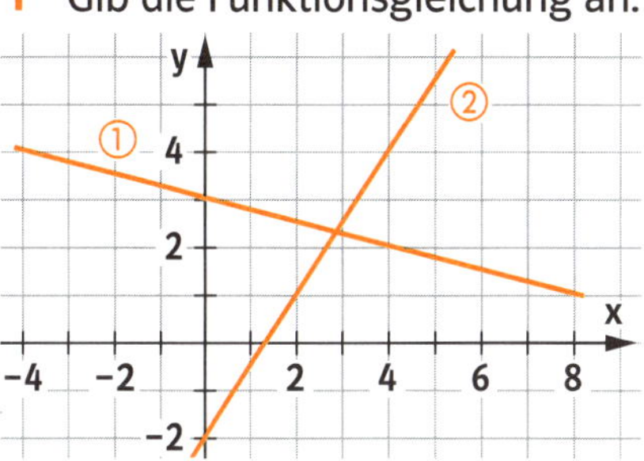

① ....

② ....

2 Bestimme den Schnittpunkt rechnerisch.
$f(x) = 4x - 2$; $g(x) = \frac{2}{3}x + 18$

....

3 Löse das Gleichungssystem.
I) $x = 17 - 2y$; II) $2x + 3y = 27$

....

4 Zwei T-Shirts kosten zusammen 57 €. Das eine Shirt ist 5 € teurer als das andere. Löse mit einem Gleichungssystem.

....

Prüfe anhand der Lösungen in der Beilage.

3 Der Satz des Pythagoras

1 Welche der folgenden Aussagen über Dreiecke ist richtig, welche falsch? Kreuze an.

Aussage		
a) Ein Dreieck hat immer mindestens zwei spitze Innenwinkel.	richtig	falsch
b) Ein Dreieck kann zwei rechte Innenwinkel besitzen.	richtig	falsch
c) Hat ein Dreieck einen stumpfen Winkel, dann ist es ein stumpfwinkliges Dreieck.	richtig	falsch
d) Hat ein Dreieck einen spitzen Winkel, dann ist es ein spitzwinkliges Dreieck.	richtig	falsch
e) Rechtwinklige Dreiecke haben keinen spitzen Winkel.	richtig	falsch
f) Rechtwinklige Dreiecke haben keinen stumpfen Winkel.	richtig	falsch

g) Notiere weitere richtige Aussagen über Dreiecke.

....

....

....

Tipp

α

spitzer Winkel $\alpha < 90°$

rechter Winkel $\alpha = 90°$

α

stumpfer Winkel
$90° < \alpha < 180°$

2 Entscheide wie im Beispiel, um welche Art des Dreiecks es sich handelt.
Erstelle jeweils auch eine Skizze.

Skizze	Länge der Seiten	Flächeninhalt der Quadrate	Art des Dreiecks
b a c	a = 4 cm b = 2 cm c = 5 cm	*$a^2 = 16\ cm^2$* *$b^2 = 4\ cm^2$* *$c^2 = 25\ cm^2$*	*Stumpfwinklig, da $25\ cm^2$ größer als $16\ cm^2 + 4\ cm^2$ ist.*
a)	a = 2,5 cm b = 2,5 cm c = 3 cm	a^2 = ... b^2= .... c^2 = ...	
b)	a = 1 cm b = 0,3 cm c = 1,2 cm	a^2 = ... b^2= .... c^2 = ...	
c)	a = 3,6 cm b = 4,8 cm c = 6 cm	a^2 = ... b^2= .... c^2 = ...	

▻ Schülerbuch, E-Kurs Seite 62 bis 63, G-Kurs Seite 64 bis 65

1 Zeichne wie im Beispiel die vollständige Pythagoras-Figur. Bestimme die Seitenlängen des Dreiecks und die Flächeninhalte der Quadrate. Markiere die Seitenlängen, die du nur ungenau bestimmen kannst.

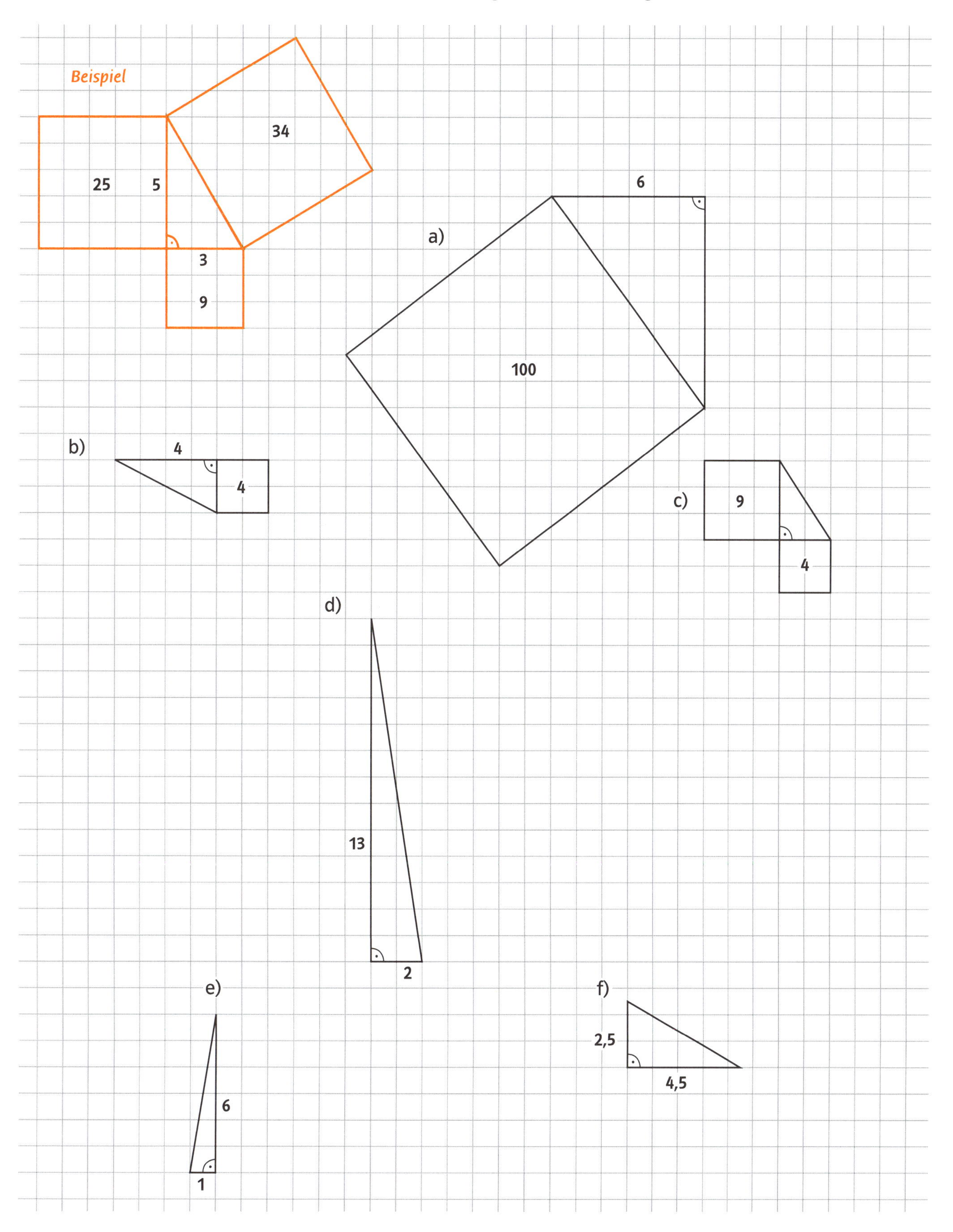

 ▻ Schülerbuch, E-Kurs Seite 66 bis 68, G-Kurs Seite 66 bis 67

Quadratwurzeln

1 Zeige, wo die Ergebnisse auf der Zahlengeraden ungefähr liegen.

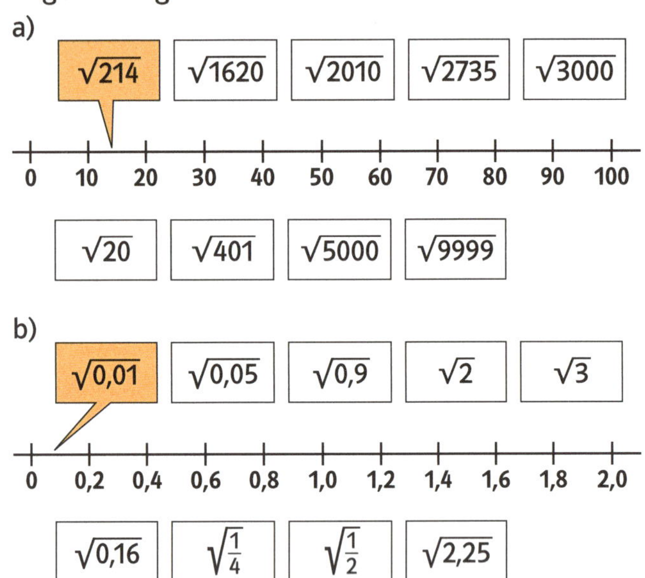

2 Schätze und rechne dann mit dem Taschenrechner. Gib zwei Stellen nach dem Komma an.

		geschätzt	gerechnet
a)	$\sqrt{40}$ =		
b)	$\sqrt{70}$ =		
c)	$\sqrt{100}$ =		
d)	$\sqrt{125}$ =		
e)	$\sqrt{600}$ =		
f)	$\sqrt{900}$ =		
g)	$\sqrt{1000}$ =		
h)	$\sqrt{2500}$ =		
i)	$\sqrt{10\,000}$ =		

3 Berechne wie im Beispiel die Länge der Strecken.

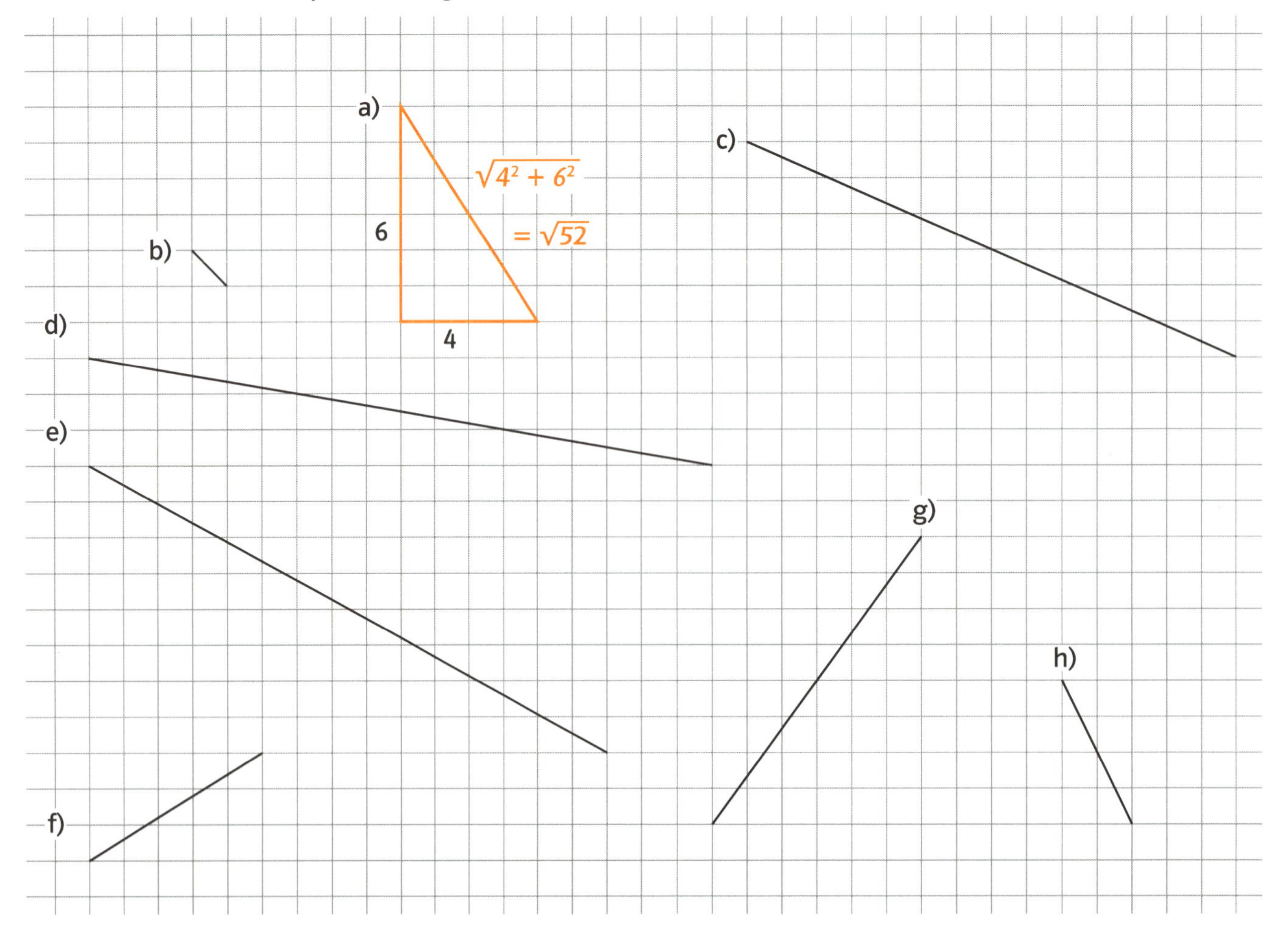

4 Zeichne je eine Strecke mit der Länge $\sqrt{29}$, $\sqrt{65}$, $\sqrt{146}$ und 15 in dein Heft.

1 Berechne die fehlende Seitenlänge in einem rechtwinkligen Dreieck ($\gamma = 90°$). Runde sinnvoll.

a) a = 6 cm; b = 9 cm c = ...

b) b = 9 cm; c = 14 cm a = ...

c) a = 14,5 cm; c = 19,7 cm b = ...

Tipp
Üblicherweise benennt man Punkte, Seiten und Winkel in einem Dreieck wie folgt:

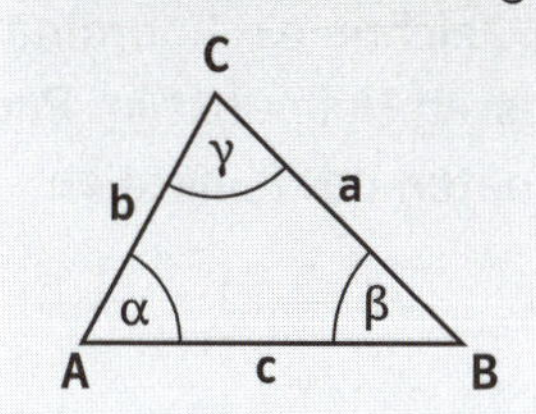

Ein Rechteck lässt sich in zwei rechtwinklige Dreiecke zerlegen:

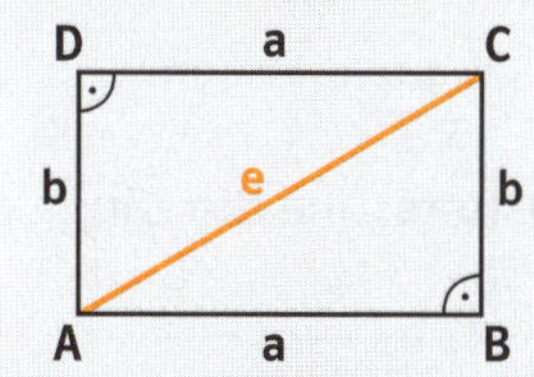

Der Großbuchstabe A kann sowohl einen Punkt als auch einen Flächeninhalt bezeichnen. Achte dabei auf den Zusammenhang.

2 [✓] Berechne die fehlenden Größen im Rechteck. Runde auf eine Stelle nach dem Komma.

	a)	b)	c)	d)	e)
a	18 cm		8 cm		24 cm
b	15 cm	27 cm		31,4 cm	
e				80,2 cm	50,5 cm
A		216 cm²	76 cm²		

....

....

Ergebnisse (ohne Einheiten) 8; 9,5; 12,4; 23,4; 28,2; 44,4; 73,8; 270; 1066,4; 2317,2

3 Ein einfacher Drachen kann aus zwei Holzleisten, Schnur und dünnem Papier gebaut werden.

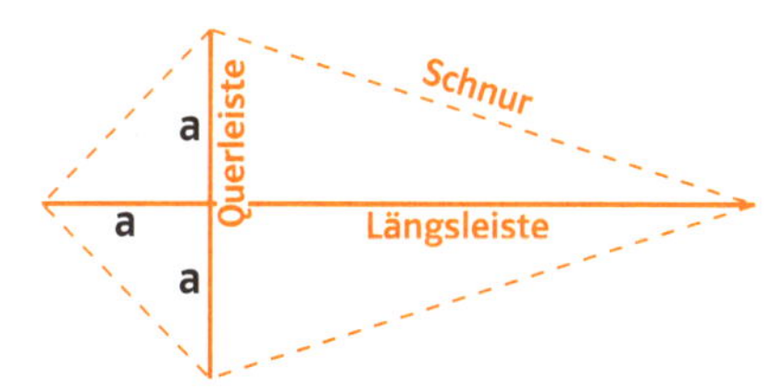

a) Zeichne maßstabsgerecht einen solchen Flieger, bei dem die Querleiste 60 cm und die Längsleiste 80 cm lang sein soll.

b) Berechne, wie viel Schnur notwendig ist, um die Leistenenden zu verbinden.

....

....

....

....

c) [●] Wenn du die Querleiste ein wenig in Richtung der Mitte der Längsleiste verschiebst, verändert sich die Form des Drachens. Ist nun mehr oder weniger Schnur notwendig?

....

....

....

d) [●●] Bei welcher Position der Querleiste wird am wenigsten Schnur benötigt?

....

....

....

1 Die Abbildung zeigt einen Ausschnitt aus der Karte eines Freizeitparks mit dem Eingang (E), dem Riesenrad (R), der Wasserrutsche (W), dem Leuchtturm (L) und dem Aquarium (A).

a) Zeichne ein Koordinatensystem in die Abbildung, dessen Nullpunkt im Punkt W liegt und gib die Koordinaten der Punkte an.

A(-125 | -75)

E(225 | -100)

L(125 | 200)

R(325 | 50)

W(0 | 0)

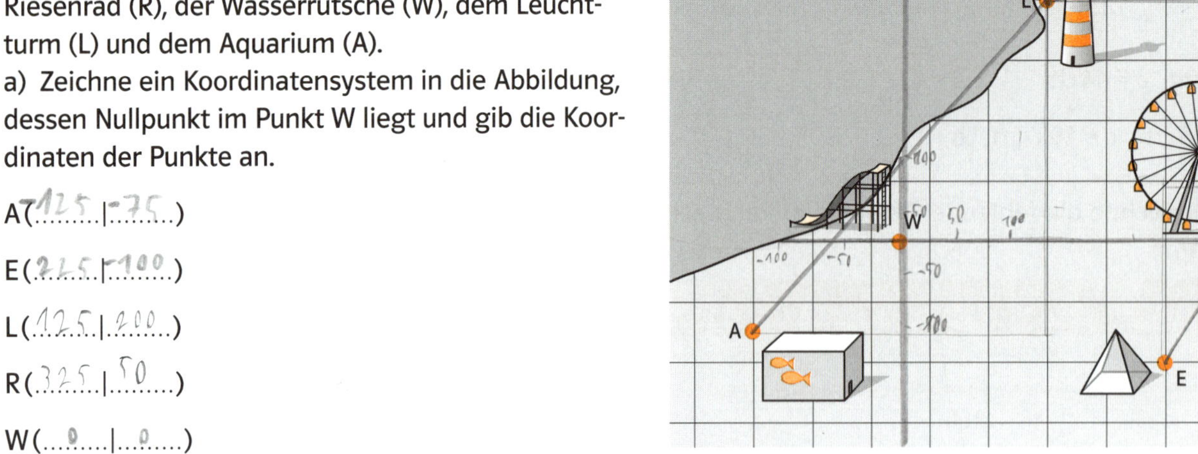

b) Berechne die Länge der kürzesten Verbindung von E nach R und von A nach L.

$150^2 + 100^2 = c^2$ 22500 + 10000 = 32500 $\sqrt{32500}$ = 180,27 m

$250^2 + 275^2 = c^2$ 62500 + 75625 = 138125 $\sqrt{138125}$ = 371,65 m

c) Berechne den Abstand der Punkte C(3 | 4) und D(8 | 5).

2 **Pythagoras – dreidimensional**

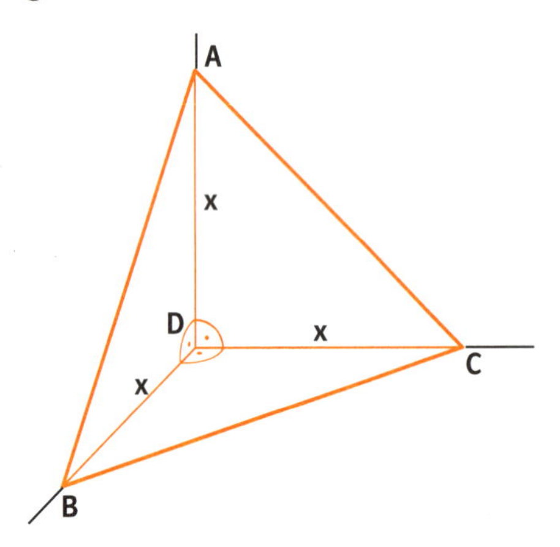

In einem rechtwinkligen „Tetraeder" ist die Summe der Quadrate der drei Seitenflächen ACD, ABD und BCD gleich dem Quadrat der Fläche des Basisdreiecks ABC.

a) Berechne den Flächeninhalt der drei Seitenflächen und des Dreiecks ABC für den Spezialfall x = 2.

b) [●] Zeige, dass die Behauptung des Satzes für den Spezialfall x = 2 gilt.

c) [●●] Zeige, dass die Behauptung des Satzes für ein beliebiges x gilt.

Überlege mithilfe des Lernrückblicks, ob du alles verstanden hast.

1 a) Ich kann Dreiecke aufgrund ihrer Winkel unterscheiden in ....

....

....

....

b) Ich habe gelernt, dass im rechtwinkligen Dreieck ....

....

....

....

Beispiel

2 a) Mit Quadratwurzeln kenne ich mich aus: ....

....

Beispiel: ....

....

b) Wenn ich in einem rechtwinkligen Dreieck zwei Seitenlängen kenne, kann ich die dritte berechnen, z.B.

3 Entscheide dich.

☐ Ich fühle mich fit im Bereich „Der Satz des Pythagoras" und mache den Test auf der nächsten Seite.

☐ Bevor ich den Test mache, übe ich erst noch Folgendes: ....

....

[einfach]

1 Ist das Dreieck rechtwinklig, stumpfwinklig oder spitzwinklig?

a) a = 3 cm; b = 3 cm; c = 3 cm

....

b) a = 3 cm; b = 4 cm; c = 5 cm

....

2 Ergänze die fehlenden Angaben und bestimme die Seitenlängen.

a)

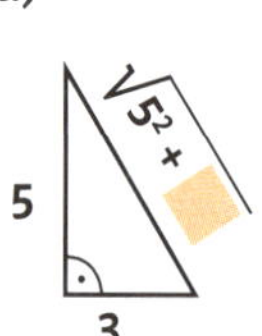

b)

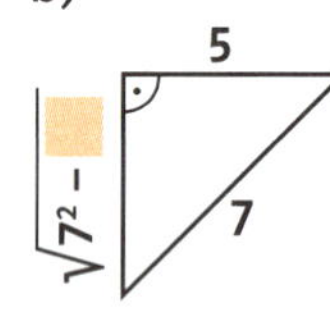

....

3 Lena und Luca lassen einen Drachen steigen. Lena steht direkt unter dem Drachen und fragt sich, wie hoch er sich über ihrem Kopf befindet.

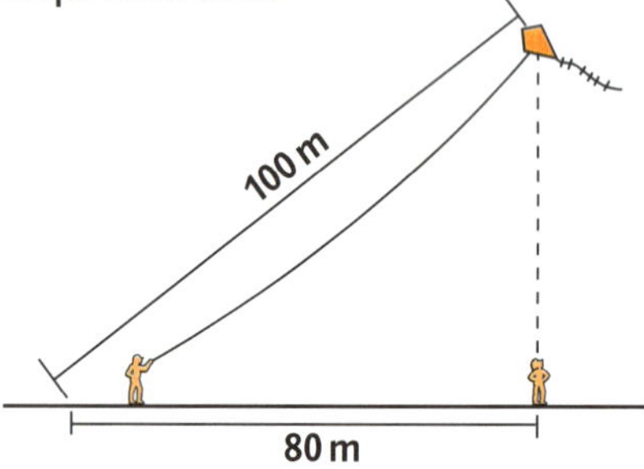

....

....

4 a) Wie weit sind Spieler C und D von der Tormitte entfernt?

b) Wie weit sind Spieler B und C voneinander entfernt?

....

....

....

[mittel]

1 Ist das Dreieck rechtwinklig, stumpfwinklig oder spitzwinklig?

a) a = 3 cm; b = 3 cm; c = 5 cm

....

b) a = 4,5 cm; b = 6 cm; c = 7,5 cm

....

2 Ergänze die fehlenden Angaben und bestimme die Seitenlängen.

a)

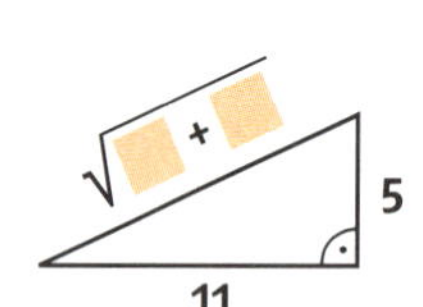

b)

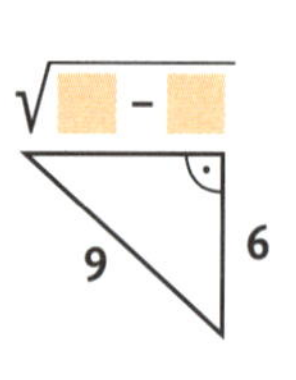

....

3 35 m lange Seile sichern einen 50 m hohen Sendemast. Die Seile sind 20 m vom Mast entfernt verankert. Erstelle eine Skizze. In welcher Höhe sind sie befestigt?

....

....

4 a) Wie weit sind Spieler E und A von der Mitte des Tores entfernt?

b) Wie weit sind Spieler A und E voneinander entfernt?

....

....

....

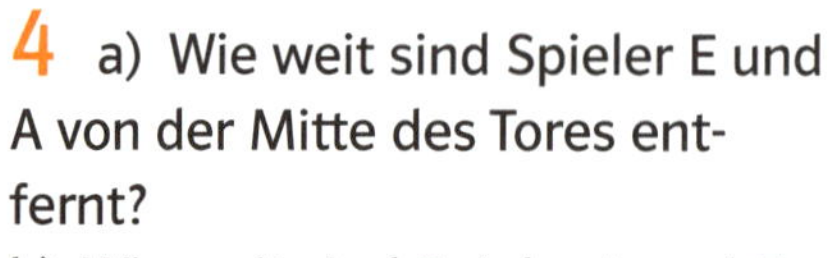

[schwieriger]

1 Ist das Dreieck rechtwinklig, stumpfwinklig oder spitzwinklig?

a) a = 6 cm; b = a; c = 8 cm

....

b) a = 5 cm; b = 12 cm; c = 9 cm

....

2 Ergänze die fehlenden Angaben und bestimme die Seitenlängen.

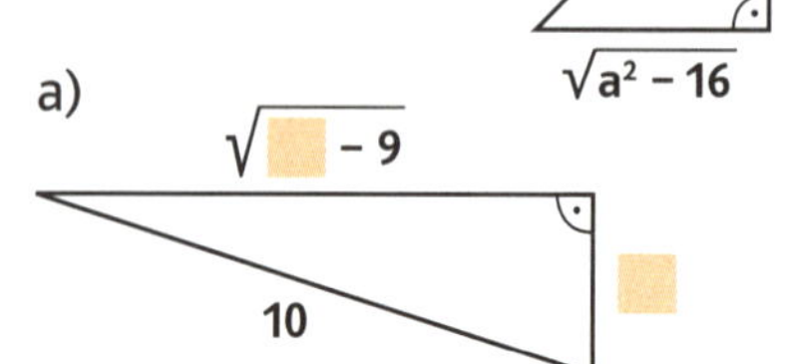

....

3 Wie lang ist das Pendel?

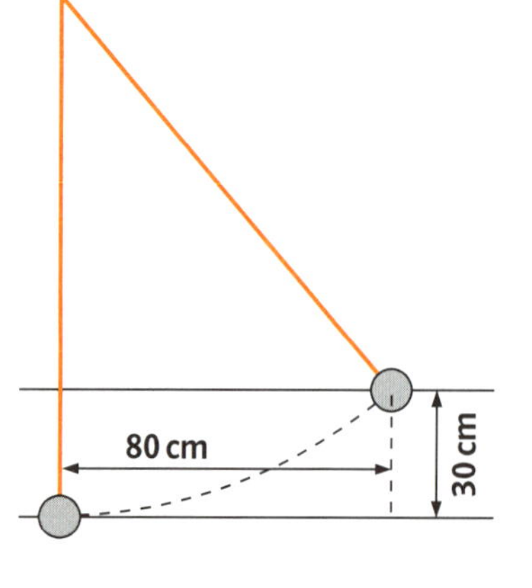

....

....

4 a) Wie weit sind Spieler E und B von der Mitte des Tores entfernt?

b) Wie weit sind Spieler C und D voneinander entfernt?

....

....

....

Prüfe anhand der Lösungen in der Beilage.

4 Körper und Flächen

Würfel und Quader

1 Ein Würfel hat die Kantenlänge $a = 7\,cm$.

a) Berechne das Volumen.
$V_W =$ ....

b) Berechne die Oberfläche.
$O_W =$ ....

2 Ein Quader hat die Kantenlängen $a = 4\,cm$; $b = 3\,cm$; $c = 2{,}5\,cm$.

a) Berechne das Volumen.
$V_Q =$ ....

b) Berechne die Oberfläche.
$O_Q =$ ....

Tipp

Würfel — **Quader**

$V_W = a^3$ — $V_Q = a \cdot b \cdot c$

$O_W = 6a^2$ — $O_Q = 2ab + 2ac + 2bc$

Lösungsschritte für Berechnungen
1. Formel notieren
2. Zahlen einsetzen
3. Lösung berechnen

3 [✓] Berechne die fehlenden Angaben der Quader.

	Länge a	Breite b	Höhe c	Volumen V
a)	4 km	7,5 km	6 km	
b)	3,2 cm	9 cm	2,5 cm	
c)	5 dm	8 dm		240 dm³
d)	7 m		3,2 m	100,8 m³
e)		6 mm	9 mm	432 mm³
f)	12,5 km	21 km	7,8 km	
g)	36 cm		5 cm	126 cm³

4 [✓] Berechne die Oberfläche der Quader.

	a)	b)	c)	d)
Länge a	2 cm	9,5 mm	5 km	3,5 cm
Breite b	7 cm	9,5 mm	4 km	6 cm
Höhe c	9 cm	9,5 mm	2,5 km	4 cm
2 a b				
2 a c				
2 b c				
Oberfläche O				

Ergebnisse (ohne Einheiten) 0,7; 4,5; 6; 8; 72; 85; 118; 541,5; 2047,5

5 Berechne das Volumen und die Oberfläche der Körper.

a)

1,5 dm, 4 dm, 3 dm

b)

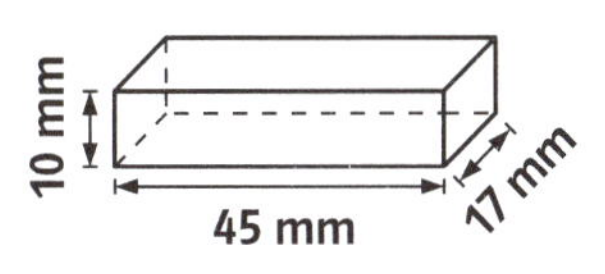

c)

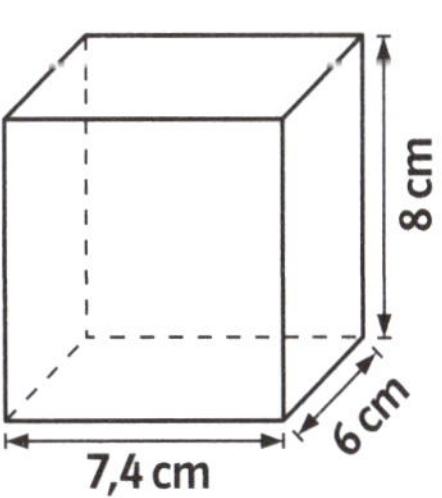

d)

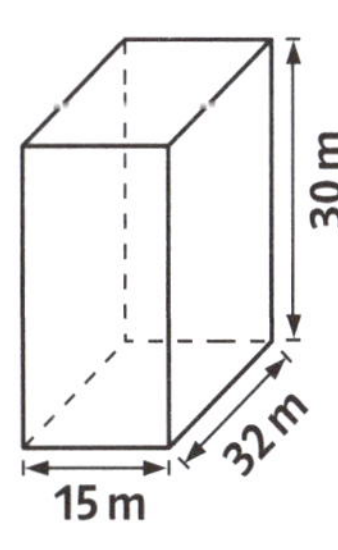

a) V = ... O = ...

b) V = ... O = ...

c) V = ... O = ...

d) V = ... O = ...

1 [✓] Kreuze die Aussagen an, die auf die angegebenen Prismen zutreffen. Die nicht angekreuzten Buchstaben verraten dir, Zeile für Zeile gelesen, eine Käsespezialität:

....

	Würfel	Quader	regelmäßiges Dreieckprisma	regelmäßiges Sechseck-prisma
Mindestens zwei Flächen sind gleich groß.	C	E	A	G
Sechs Flächen sind gleich groß.	M	R	O	E
Die gegenüberliegenden Flächen sind parallel zueinander.	N	P	Q	U
Mindestens zwei gegenüberliegende Flächen sind parallel zueinander.	P	E	T	D
Das Prisma besteht aus 6 Flächen.	N	E	U	E
Die gegenüberliegenden Flächen sind deckungsgleich.	B	A	F	Z
Das Prisma hat genau 8 Ecken.	E	L	F	O
Das Prisma hat zwölf Kanten.	N	E	R	T

Tipp

Quader **Dreieckprisma** **Sechseckprisma**

Prismen haben zwei gleich große Grundflächen (Boden und Deckel). Die Seitenflächen gerader Prismen sind Rechtecke. Sie stehen senkrecht auf der Grundfläche.

Volumen

$V_{Pr} = G \cdot h$ G: Grundfläche, h: Höhe

Oberfläche

$O_{Pr} = 2G + u \cdot h$ u: Umfang der Grundfläche

2 Berechne die fehlenden Größen der Prismen.

	Grundfläche G	Höhe h	Volumen V
a)	30 km²	7,5 km	
b)	48 cm²		240 cm³
c)		19 m	1045 m³
d)	5,2 dm²	45 dm	
e)	55 mm²		198 mm³

....

4 Berechne die Volumina der Prismen.

a) V = ...

b) V = ...

3 Berechne die fehlenden Größen der Prismen.

	Grundfläche G	Umfang u	Höhe h	Oberfläche O
a)	6 km²	9,5 km	4 km	
b)	4,5 cm²	5 cm	3,6 cm	
c)		7 dm	9 dm	3780 dm²
d)		8 m	6,2 m	2480,6 m²
e)	32 mm²		6 mm	184 mm²

....

5 Berechne die Oberflächen der Prismen.

a) O = ...

b) [●]

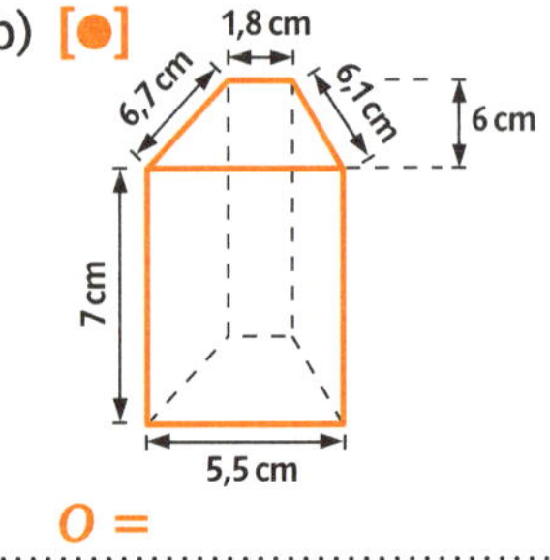

O = ...

1 [✓] Berechne die Oberfläche einer Pyramide mit quadratischer Grundfläche mit $a = 6\,cm$ und $h_a = 8{,}5\,cm$.

$O_{Py} = G + M$

1) $G = a^2$

=

2) $M = 2 \cdot a \cdot h_a$

=

=

3) $O_{Py} = G + M$

=

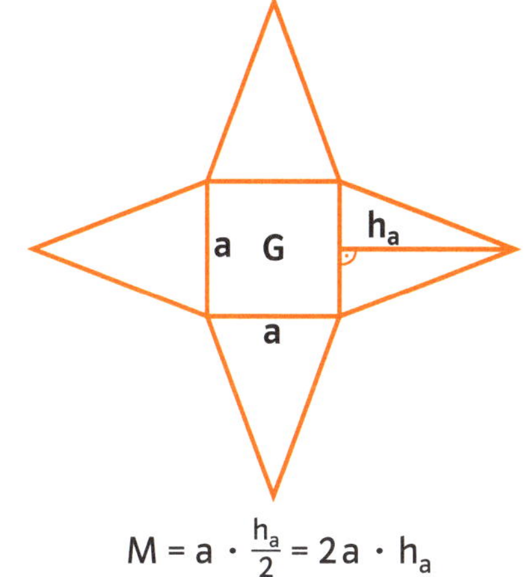

$M = a \cdot \frac{h_a}{2} = 2a \cdot h_a$

Tipp

Dreieck-pyramide	Viereck-pyramide	Sechseck-pyramide
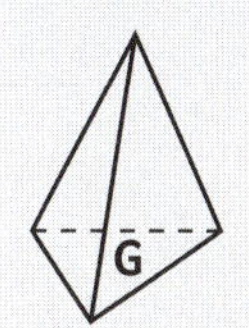	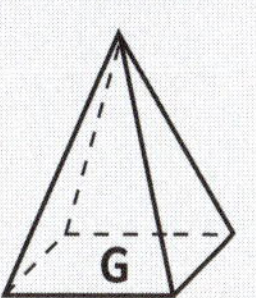	

Die Pyramide ist ein Körper mit einem Vieleck als Grundfläche und Dreiecken als Seitenflächen, die in einer Spitze zusammenkommen. Die Summe aller Seitenflächen bildet die Mantelfläche.

Oberfläche

$O_{Py} = G + M$ G: Grundfläche
M: Mantelfläche

2 [✓] Berechne die Oberflächen der quadratischen Pyramiden. Gehe vor wie in Aufgabe 1.

a) $a = 12\,dm$; $h_a = 6{,}3\,dm$ b) $a = 9\,mm$; $h_a = 4{,}5\,mm$ c) $a = 38\,cm$; $h_a = 25{,}7\,cm$

3 [✓] Die Pyramiden haben gleichseitige Dreiecke als Grundflächen. Berechne die Oberflächen.

a)

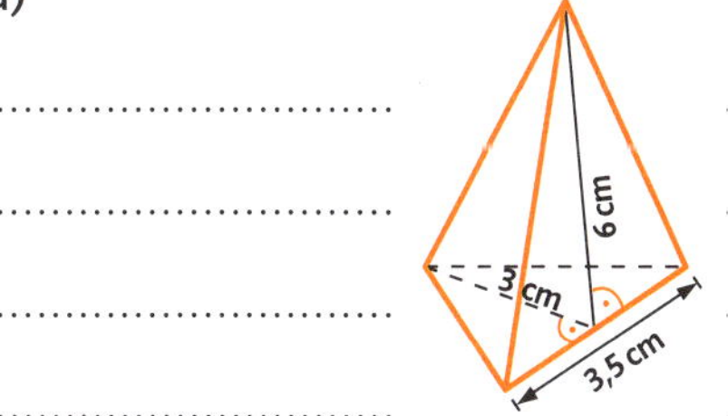

b)

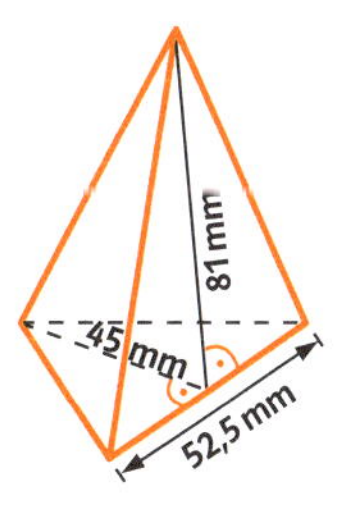

c)

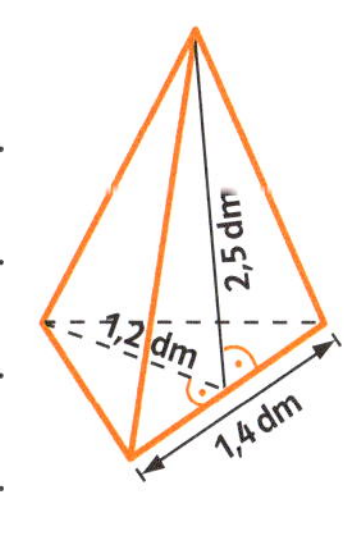

Ergebnisse (ohne Einheiten) 36, 6,09; 36,75; 138; 162; 295,2; 3397,2; 7560

 ▻ Schülerbuch, E-Kurs Seite 93 bis 96, G-Kurs Seite 95 bis 97

Lernrückblick

Überlege mithilfe des Lernrückblicks, ob du alles verstanden hast.

1 a) Folgende Flächen- und Oberflächeninhalte kann ich berechnen: ....

b) Beispiele dafür sind

2 a) Die Rauminhalte folgender Körper kann ich berechnen: ....

b) Beispiele dafür sind

3 Entscheide dich.

☐ Ich fühle mich fit im Bereich „Körper und Flächen" und mache den Test auf der nächsten Seite.

☐ Bevor ich den Test mache, übe ich erst noch Folgendes: ....

▻ Schülerbuch, E-Kurs Seite 83 bis 100, G-Kurs Seite 85 bis 100

[einfach]

1 Berechne das Volumen und die Oberfläche des Würfels.

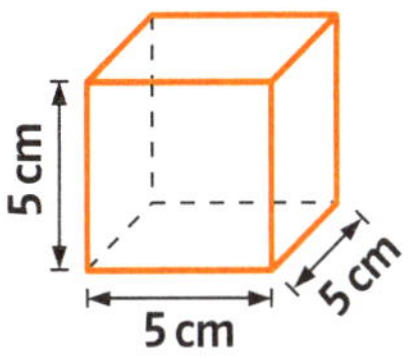

5 cm, 5 cm, 5 cm

$V_W =$

$O_W =$

2 a) Berechne das Volumen eines Prismas mit der Grundfläche $G = 56\,cm^2$ und der Höhe $h = 7\,cm$.

$V_{Pr} =$

b) Berechne die Oberfläche eines Prismas mit der Grundfläche $G = 55\,mm^2$, dem Umfang $u = 32\,mm$ und der Höhe $h = 8\,mm$.

$O_{Pr} =$

3 Berechne die Oberfläche einer Pyramide mit quadratischer Grundfläche mit $a = 9\,cm$ und $h_a = 6\,cm$.

$O_{Py} =$

[mittel]

1 Berechne das Volumen und die Oberfläche des Quaders.

5 cm, 3,5 cm, 4 cm

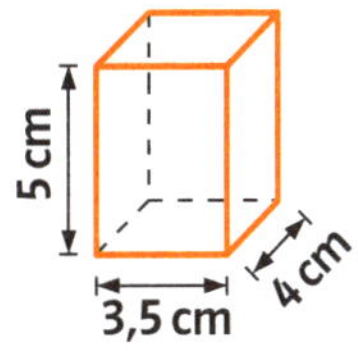

$V_Q =$

$O_Q =$

2 Berechne das Volumen und die Oberfläche des Prismas.

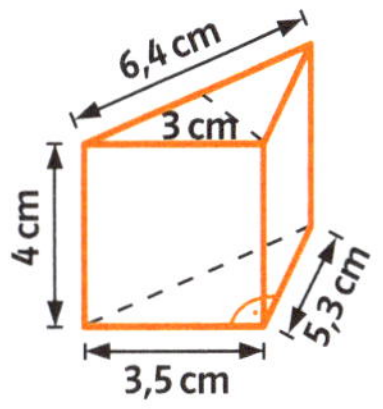

6,4 cm, 3 cm, 4 cm, 3,5 cm, 5,3 cm

$V_{Pr} =$

$O_{Pr} =$

3 Berechne die Oberfläche der Pyramide.

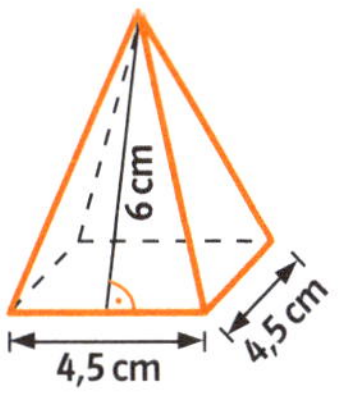

6 cm, 4,5 cm, 4,5 cm

$O_{Py} =$

[schwieriger]

1

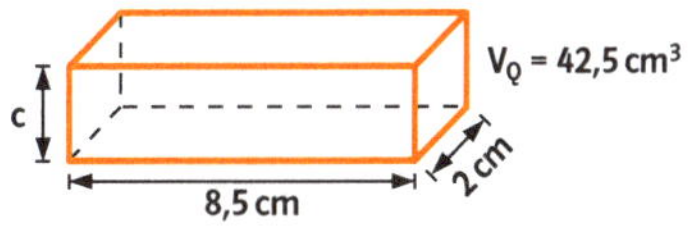

$V_Q = 42{,}5\,cm^3$, c, 8,5 cm, 2 cm

Berechne die Seite c und die Oberfläche des Quaders.

$c =$

$O_Q =$

2 Berechne das Volumen und die Oberfläche des Körpers.

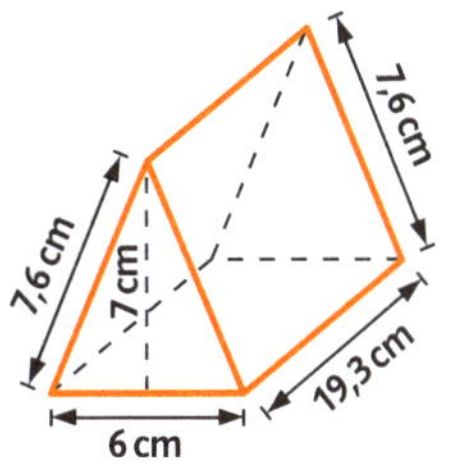

7,6 cm, 7,6 cm, 7 cm, 6 cm, 19,3 cm

$V_{Pr} =$

$O_{Pr} =$

3 Berechne die Oberfläche der regelmäßigen Pyramide.

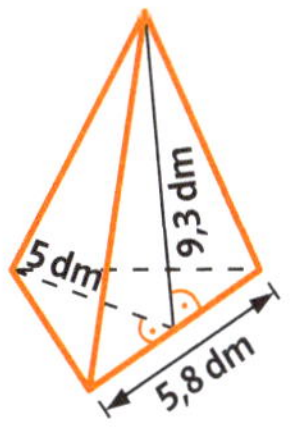

5 dm, 9,3 dm, 5,8 dm

$O_{Py} =$

Prüfe anhand der Lösungen in der Beilage.

1 a) Bilde die Quadratzahlen der in der Tabelle angegebenen Zahlen.
b) Übertrage die Wertepaare in das Koordinatensystem und zeichne den zugehörigen Graphen.
c) Überlege, welche Werte sich mit den negativen Zahlen von −1 bis −10 ergeben und ergänze den Graphen.
d) Was sagt der Verlauf des Graphen über das Wachstum von Quadratzahlen aus?

....

....

....

x	$y = x^2$
1	
2	
3	
4	
5	
6	
7	
8	
9	
10	

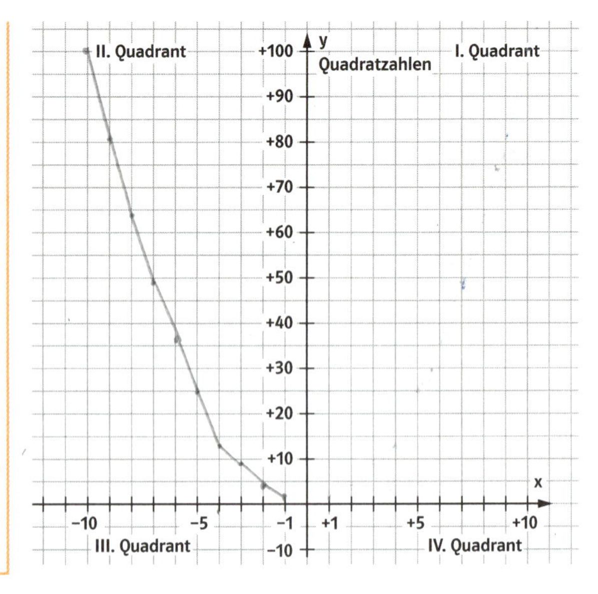

2 Der Graph mit der Gleichung $f(x) = x^2$ ist eine Kurve mit besonderen Eigenschaften. Man nennt sie Normalparabel. Ergänze den Lückentext.

Die Kurve .... im II. Quadranten im selben Maß, wie sie im I. Quadranten ....

Die beiden Kurvenbögen liegen .... zur y-Achse. Alle Funktionswerte liegen

im .... Bereich der y-Achse. Die Kurve ist nach .... geöffnet. Ihr tiefster Punkt

liegt im .... des Koordinatensystems. Er wird .... genannt.

3 Untersuche, wie in der Funktionsgleichung $f(x) = a \cdot x^2$ die Größe des Faktors a die Form und den Verlauf der Normalparabel verändert.

x	−3	−2	−1	0	+1	+2	+3
$0{,}25\,x^2$							
$2{,}5\,x^2$							
$-0{,}5\,x^2$							

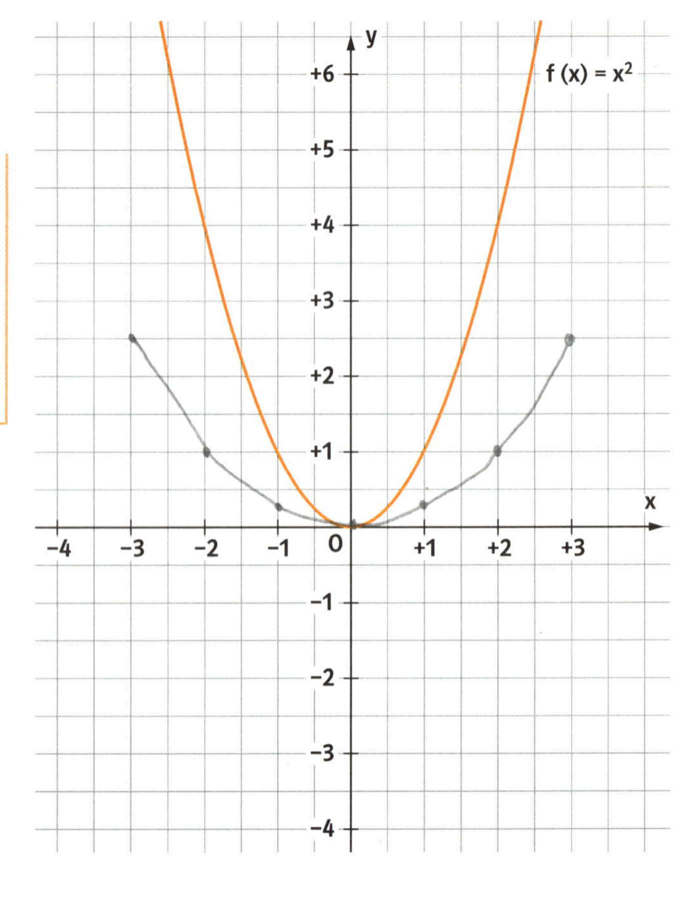

Ist a eine negative Zahl, dann ist die Parabel

nach .... geöffnet und der Scheitelpunkt ist der .... Punkt.

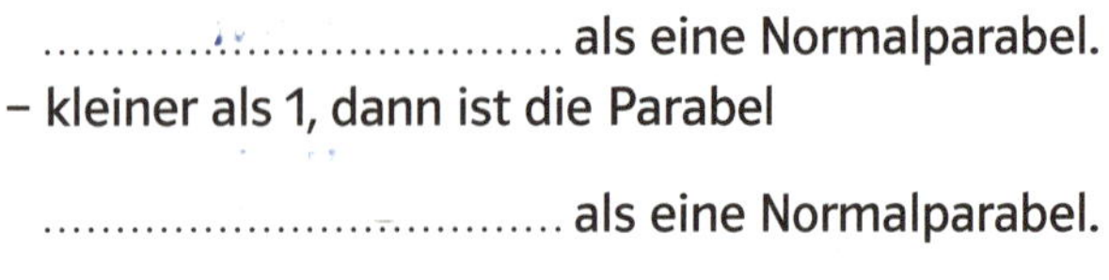

Ist der Betrag des Faktors a
– größer als 1, dann ist die Parabel

.... als eine Normalparabel.
– kleiner als 1, dann ist die Parabel

.... als eine Normalparabel.

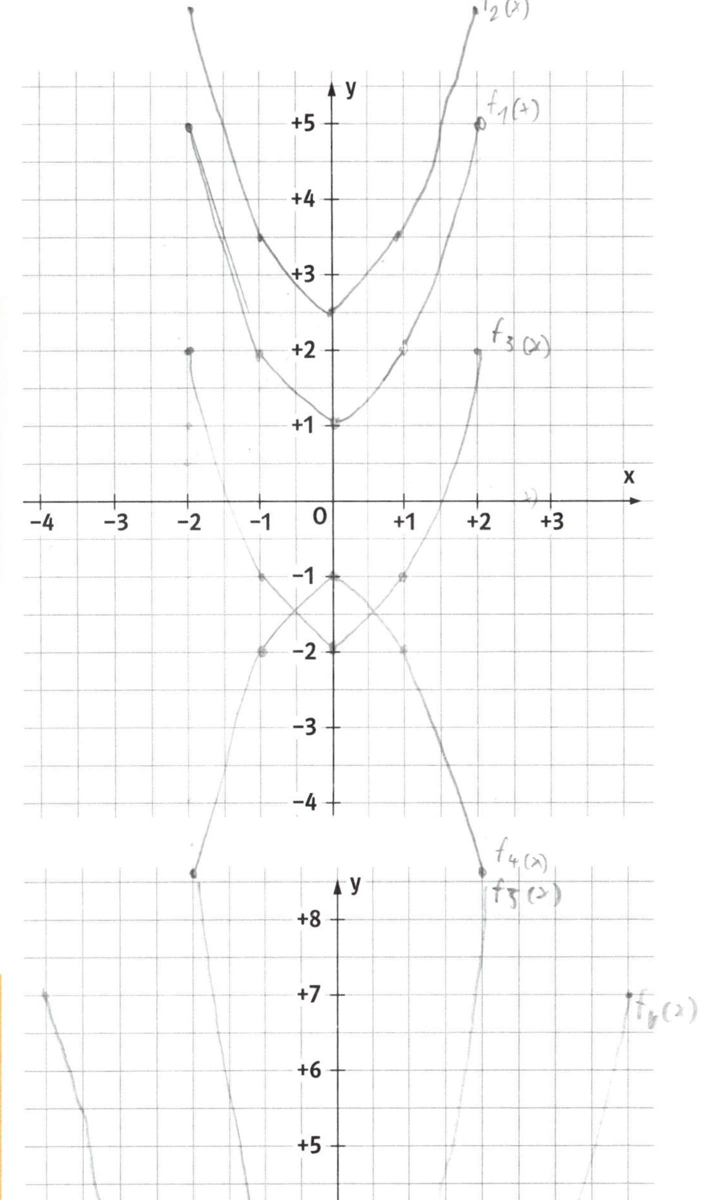

1 Bei allen bisherigen Parabeln lag der Scheitelpunkt im Nullpunkt des Koordinatensystems. Finde nun heraus, wodurch die Lage des Scheitelpunktes verschoben wird.
Fülle die Wertetabelle aus und zeichne die zugehörigen Parabeln.

x	−2	−1	0	+1	+2
$f_1(x) = x^2 + 1$					
$f_2(x) = x^2 + 2{,}5$					
$f_3(x) = x^2 - 2$					
$f_4(x) = -x^2 - 1$					

Welchen Zusammenhang stellst du fest?

Die Zahl die hinter dem x^2 steht, zeigt den Schnittpunkt mit der y-Achse an, also den Scheitelpunkt.

2 Verfahre wie in Aufgabe 1.

x	−4	−3	−2	−1	0	+1	+2	+3	+4
$f_5(x) = 2x^2 + 1$	33	19	9	3	1	3	9	19	33
$f_6(x) = 0{,}5x^2 - 1$	7	3,5	1	0	−1	0	1	3,5	7
$f_7(x) = -1{,}5x^2 + 3$	−21	−10,5	−3	1,5	3	1,5	−3	−10,5	−21
$f_8(x) = -0{,}25x^2 + 2$	−2	−1	1	1,75	2	1,75	1	−1	−2

Beschreibe die Form, Öffnung und Scheitelpunktlage einer dieser Parabeln.

$f_6(x)$ ist etwas größer als eine Normalparabel. Der Scheitelpunkt liegt bei −1 und die Öffnung ist nach oben gerichtet

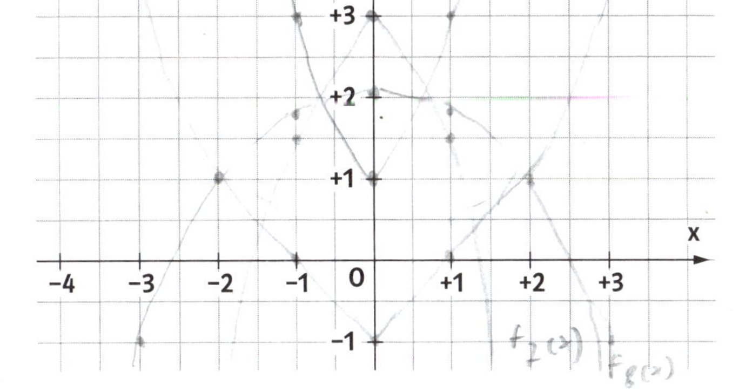

3 Welche Graphen dieser Funktionsgleichungen verlaufen schmaler, welche verlaufen breiter als $f(x) = x^2$?

a) $f(x) = 6x^2$ schmaler
b) $f(x) = \frac{1}{4}x^2$ breiter
c) $f(x) = -2{,}5x^2$ schmaler
d) $f(x) = -0{,}4x^2$ breiter

1 Überprüfe jeweils durch Einsetzen der Punktkoordinaten, ob die Punkte auf der Parabel liegen.

a) $f(x) = 2x^2 + 2$:	$P_1(+2\|+10)$	☐ ja ☐ nein	$P_2(0\|+4)$	☐ ja ☐ nein	$P_3(-1\|+4)$	☐ ja ☐ nein
b) $f(x) = -0{,}5x^2 - 1$:	$P_1(+3\|-4{,}5)$	☐ ja ☐ nein	$P_2(0\|-1)$	☐ ja ☐ nein	$P_3(-2\|-3)$	☐ ja ☐ nein

2 Die abgebildete Parabel der Kirche hat eine Scheitelpunkthöhe von 22 m und eine Öffnungsweite von 18 m.
Entwickle schrittweise eine Funktionsgleichung, die den Verlauf dieser Parabel beschreibt.

....

....

....

3 Der Rockstar Keith Richards fiel im Urlaub von einer Palme und verletzte sich am Schädel. Doch viel häufiger wird man in Polynesien durch herunterfallende Kokosnüsse am Kopf verletzt. Wie viel Zeit verbleibt einem Polynesier um sich in Sicherheit zu bringen, wenn von einer 20 m hohen Palme eine Kokosnuss herunterfällt?
(Fallgesetz: $s(t) = 5 \cdot t^2$; s = Weg in m, t = Zeit in s)

....

....

....

4 Die Flugbahn eines Golfballs lässt sich mit der Funktionsgleichung $f(x) = -0{,}0375x^2 + 60$ näherungsweise beschreiben.

a) Skizziere die Flugbahn in das Koordinatensystem.

b) Wie hoch ist der Ball geflogen? .... m

c) Wie weit liegen Abschlag und Aufschlag des Golfballs auseinander?

....

....

....

....

....

....

Höhe in m: 10, 20, 30, 40, 50, 60
Weite in m: 40, 30, 20, 10, 0, 10, 20, 30, 40

Beilage zum Arbeitsheft **9**

mathe live

Mathematik für Sekundarstufe I

Lösungen

Aufwärmrunde

Seite 2

Würfelknobeleien

a)

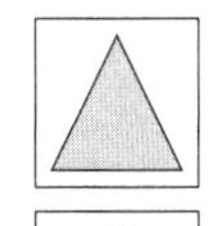
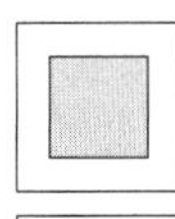

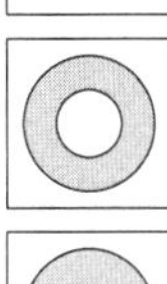
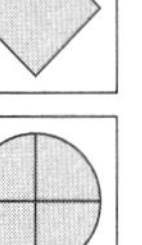
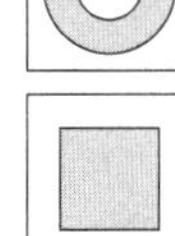
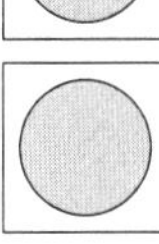
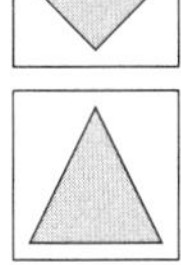

b) 6 Eisbären, 2 Eislöcher, 7 Fische
Erklärung: Wenn die Würfel einen Punkt in der Mitte haben (das trifft bei den Zahlen 1, 3 und 5 zu), ist dieses jeweils ein Eisloch. Die Punkte darum sind jeweils die Eisbären. Die Anzahl der Punkte auf den Rückseiten der Würfel sind die gefangenen Fische.

Seite 3

Zahlenknobeleien

a)

1	3	5	4	2
2	5	1	3	4
4	1	2	5	3
3	2	4	1	5
5	4	3	2	1

b) 256; 24

Geldgeschäfte

a) 12 Möglichkeiten

b) 5 Cent

c) Lege eine Münze auf den Schnittpunkt der beiden Reihen.

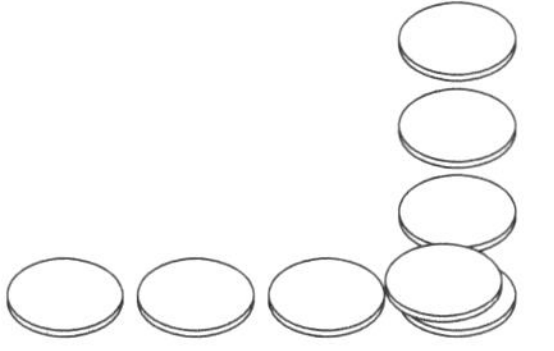

Na logisch!

a) Ullas Schwiegersohn

b) Beide lügen.

c) Bei dem Friseur mit dem schmuddeligen Laden, der dem anderen die Haare so gut schnitt.

d) Norbert hat gelogen, denn eine Wahrheits-Sagerin würde nie sagen, sie sei eine Lügnerin, weil sie nicht lügen kann. Eine Lügnerin dagegen würde nie sagen, sie sei eine Lügnerin, weil sie dann die Wahrheit sagen würde.

e) Stell ihm entweder eine einfache Frage wie z. B.: „Bist du ein Nilpferd?“, oder eine Frage, deren Antwort du schnell überprüfen kannst, z. B.: „Schneit es gerade?“

1 Konstruieren und Projizieren

Seite 4

1

D–B: 3 300 000 cm = 33 km
K–H: 6 300 000 cm = 63 km
K–D: 7 350 000 cm = 73,5 km
M–H: 8 325 000 cm = 83,25 km

2

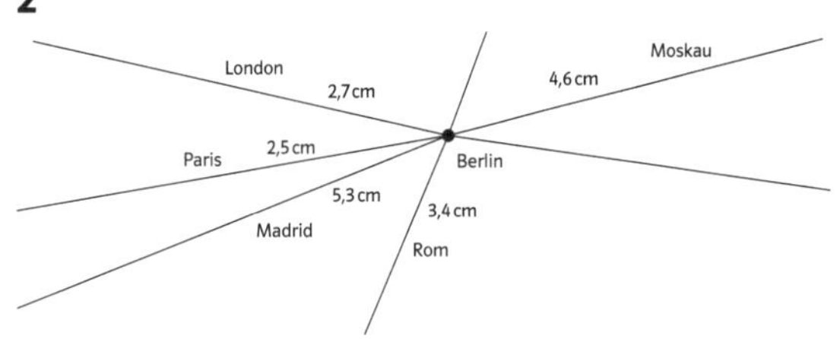

3

4:3; 5 cm; 1:2,5; 50 cm; 1:75 000

4

30 600 000 cm = 306 km
29 700 000 cm = 297 km
Die Entfernung F–München ist größer.

5

6,3 cm; 9,5 cm

Seite 5

1

Dreieck 1 ist maßstabsgerecht vergrößert worden, denn
a) die Seiten von Dreieck 2 sind 2-mal so groß wie die Seiten von Dreieck 1.
b) die Winkel in beiden Dreiecken stimmen überein.
Maßstab: 2:1

2

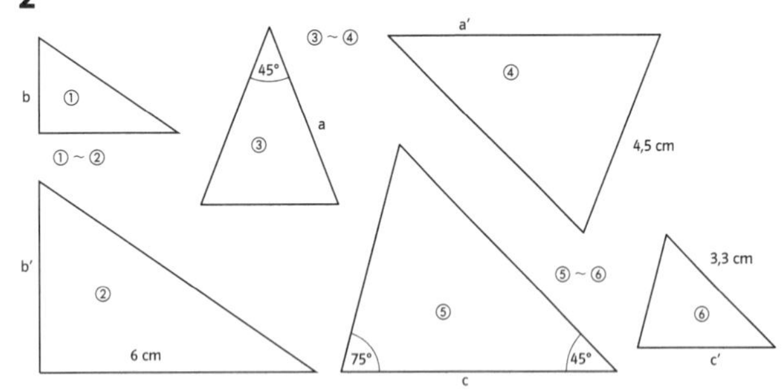

3

50 cm; 6 cm; 1:4; 31,5 dm; 2:3; 0,625 km

4

a) Oberfläche des 1. Quaders: 184 cm²
b) Oberfläche des 2. Quaders: 736 cm²
c) Verhältnis: 4:1

Seite 6

1

a) k = 2

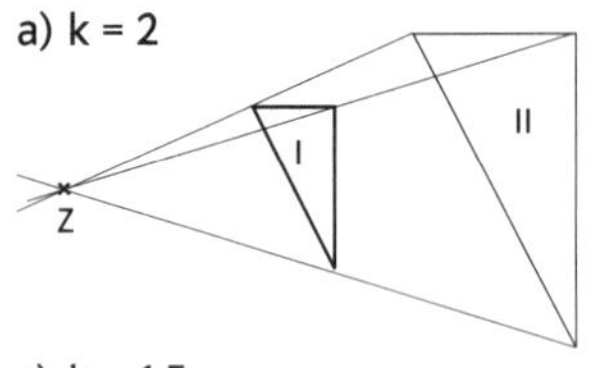

b) k = 1,75

c) k = 1,5

2

a)

b)

c)

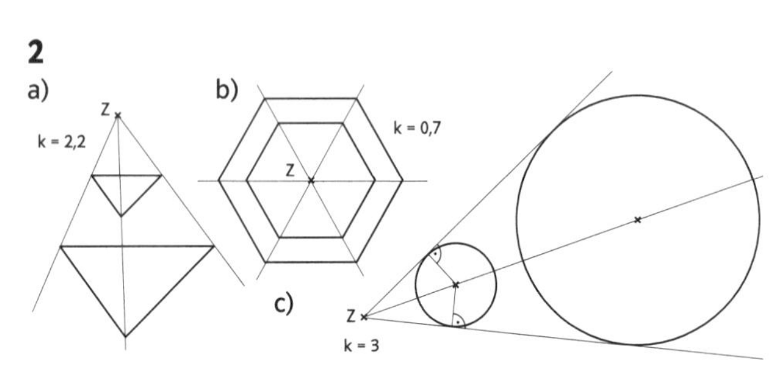

3

a)

b) Verhältnis V_1 zu V_2: 1:8

4

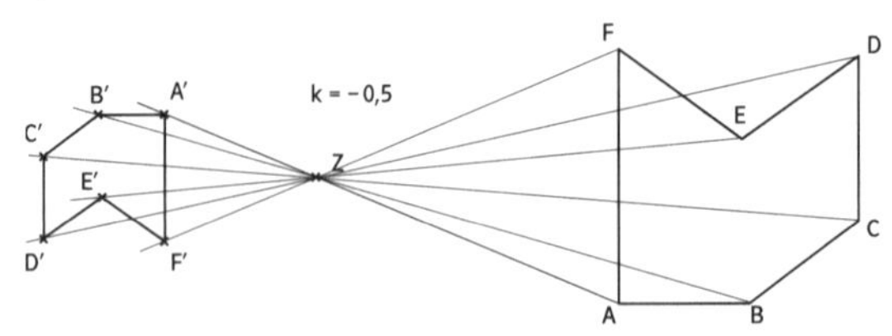

Seite 7

1

a) Fabian hat zuerst die Vorderfläche falsch gezeichnet:
Richtig wäre ein Rechteck mit den Maßen 5 cm und 2 cm.
Und dann sind auch die Kanten nach hinten falsch:
Sie müssen $\frac{1}{2} \cdot 3\,\text{cm} = 1{,}5\,\text{cm}$ lang sein. Das hat er im Text falsch beschrieben und dann zusätzlich falsch gezeichnet.

b) – Zuerst zeichne ich die Vorderfläche mit den Maßen 5 cm und 2 cm.
- Dann zeichne ich die Kanten 1,5 cm nach hinten.
- Zuletzt zeichne ich die Rückseite. Fertig!

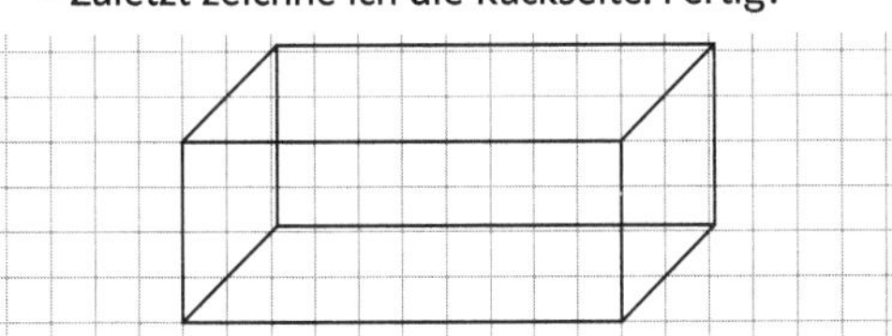

2

a)

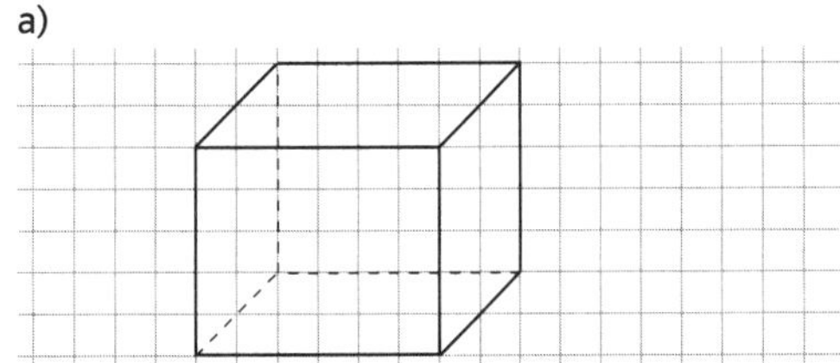

b)

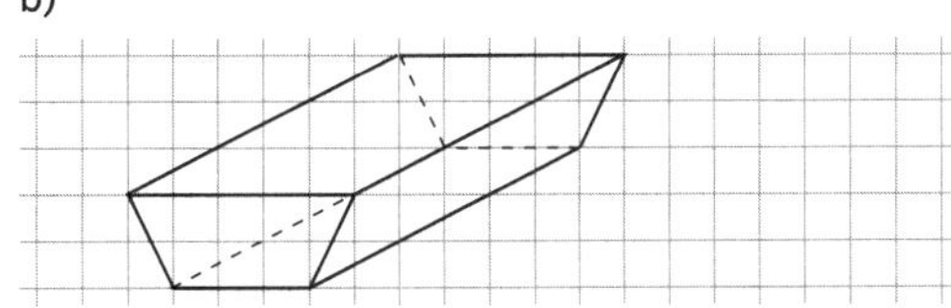

c)

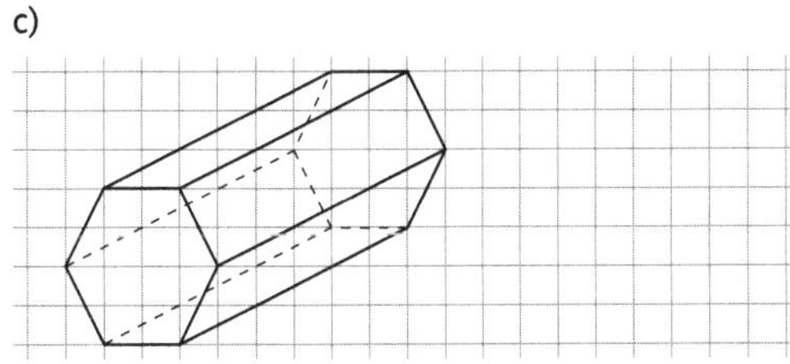

3

a)

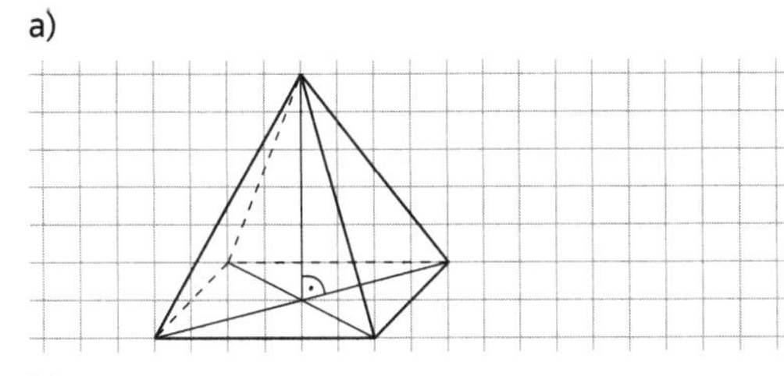

b)

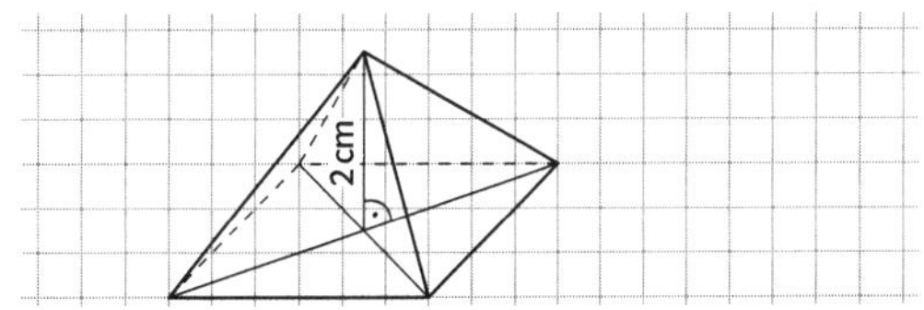

c)

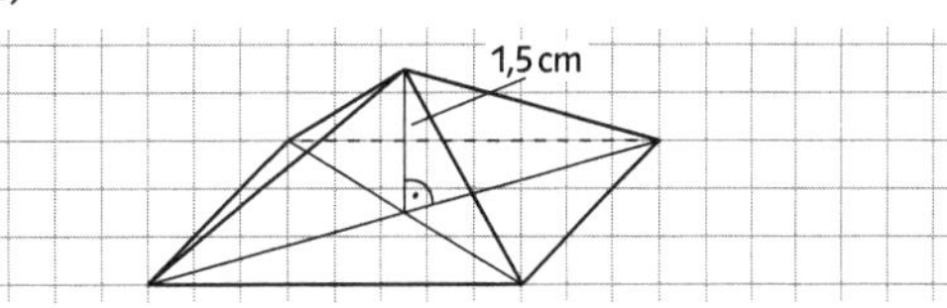

Seite 8

1

a) 3 b) 6 c) 9,4 d) 7,2

2

a) $x = 4{,}5$; $y = 9$ b) $x = 10$; $y = 4{,}4$

3

Nein, denn $\frac{32{,}8}{7{,}8} \neq \frac{32}{8}$.

Seite 9

1

a) 3 und 5; 7 und 5
b) 10 und 5; 9 und 8
c) 6 und 12; 9 und 8
d) 8 und 7; 6 und 10
e) 5 und 6; 45 und 4

2

a) 9,6 b) 64,8 c) 4,5 d) 36

Seite 10

1
91,5 m

2
42 m

3
4,95 m

4
2,7 m

5
15,4 m

6
3050 m

Seite 12 Test

[einfach]

1
$k = 1:100$

2
3000 cm = 30 m; 20 cm; 40 cm

3
1 ~ 4; 2 ~ 5

4

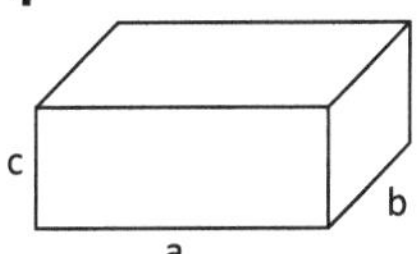

5

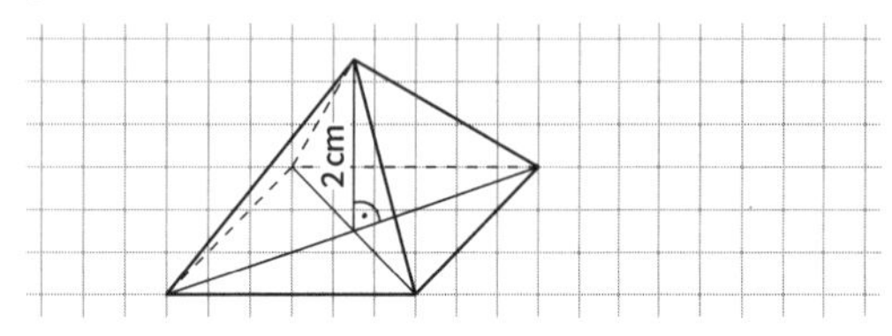

[mittel]

1

1,1 km

2

22,5 cm; 0,8; 43,2 dm

3

1 ~ 3; 4 ~ 5

4

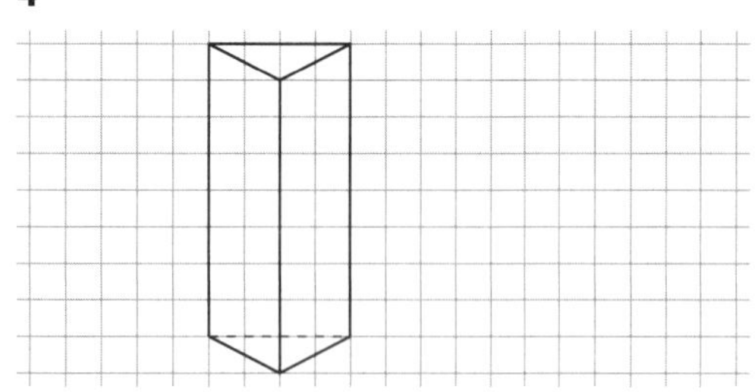

5

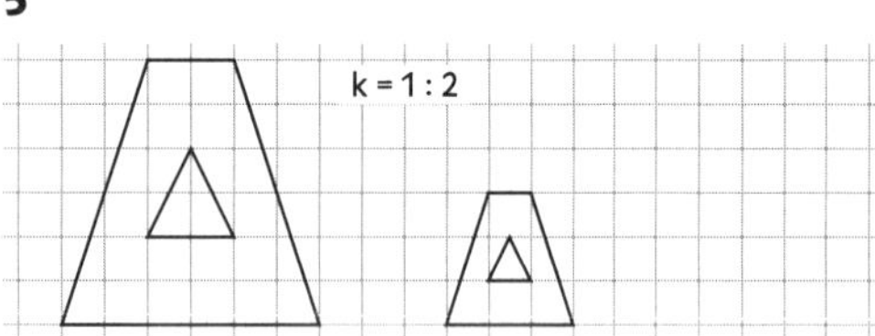

[schwieriger]

1

5,25 cm^2

2

36,3 cm; 43,75 cm; 0,75

3

$s_D = 5{,}7$; $s_T = 9{,}6$; $s_R = 14{,}72$

4

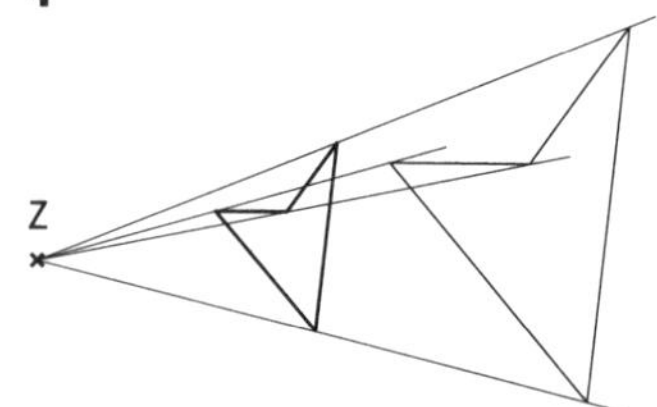

5

s = 2,6 cm; t = 6,6 cm

2 Zuordnungen und Modelle

Seite 13

1

a) Die Nummern spaltenweise von oben nach unten: 1; 12; 2; 5; 4; 7; 9; 11; 13; 3; 8; 15; 10; 14; 6

b) Für die genannten Zeiträume gelten verschiedene Tarife.

c) 3.4.07 – 31.8.07: 3280 ct : 151 Tage ≈ 21,72 ct/Tag

1.9.07 – 31.12.07: 2642 ct : 122 Tage ≈ 21,66 ct/Tag

1.1.08 – 3.4.08: 2022 ct : 94 Tage ≈ 21,51 ct/Tag

d) Der Tarif mit dem Arbeitspreis von 11,15 ct/kWh ist besonders teuer.

2

Arbeitsbetrag = 118,30 €
Grundbetrag = 28,99 €
Nettobetrag = 147,29 €
Umsatzsteuer = 27,99 €
Brutto-Rechnungsbetrag = 175,28 €

Der Brutto-Rechnungsbetrag von Herrn Meier im Abrechnungszeitraum 03.04.2007 – 31.08.2007 betrug 170,22 €.

Seite 14

3

a)

Verbrauch (kWh)	100	200	300	400	500
Stromkosten (€)	25	40	55	70	85

b) Der Grundpreis beträgt 10 €.

P_2: Verbrauch = 500 kWh; Kosten = 85 €

c) 0,15 €

d) y = 10 + 0,15 · x

4

a)

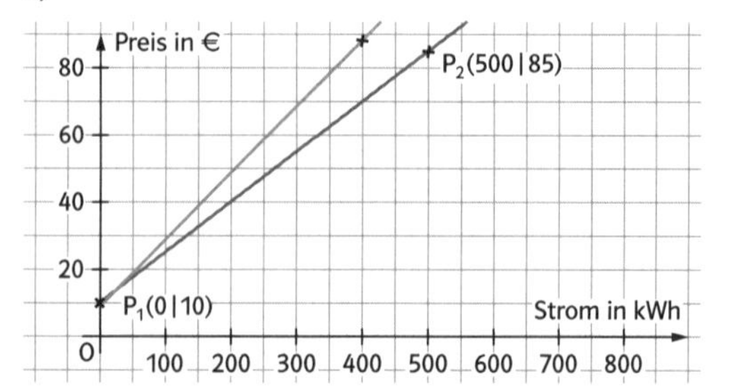

b) Öko-Strom wird schon ab 23 kWh teurer. (Umweltschutz hat seinen Preis.)

c) y = 8,90 + 0,198 · x

5

a) Glühlampe:

Brenndauer (h)	500	1000	2000	4000	8000
Kosten (€)	4,10	7,30	14,60	29,20	58,40

Energiesparlampe:

Brenndauer (h)	500	1000	2000	4000	8000
Kosten (€)	7,22	7,94	9,38	12,26	18,02

b)

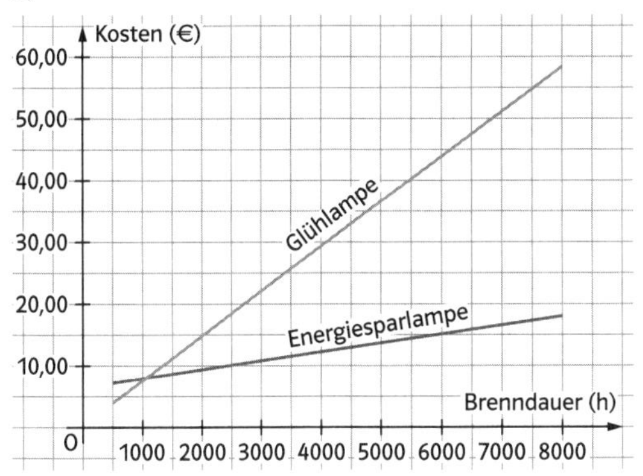

Seite 15

1

a) 1 → C; 2 → D; 3 → A
b) (Wir betrachten die Kosten für volle Stunden.)
Bis etwa $1\frac{2}{3}$ h (100 min) ist das Angebot C am günstigsten.
Von $1\frac{2}{3}$ h bis ca. 10 h ist das Angebot A am günstigsten.
Zwischen 10 h und ca. 64 h ist das Angebot D am günstigsten.
Ab 65 h ist das Angebot B am günstigsten.

2

a)

Stunden	Tarif (I)	Tarif (II)
0	0,00	3,00
1	1,80	4,20
2	3,60	5,40
3	5,40	6,60
4	7,20	7,80
5	9,00	9,00
6	10,80	10,20
7	12,60	11,40
8	14,40	12,60
9	16,20	13,80
10	18,00	15,00

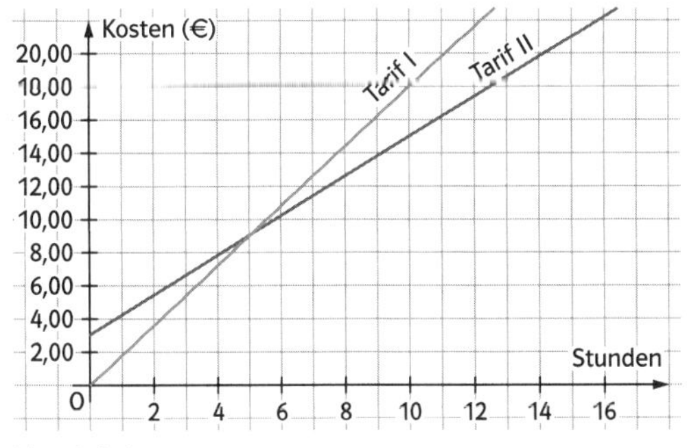

b) S(5 | 9)
c) Tarif (I) und Tarif (II) haben bei 5 h Nutzungsdauer die gleichen Kosten. Bis 5 h Nutzung ist Tarif (I) günstiger, ab 5 h Tarif (II).
d) Tarif (I): $y = 0{,}03 \cdot 60 \cdot x$
Tarif (II): $y = 0{,}02 \cdot 60 \cdot x + 3$

Seite 16

1

a) S(2 | 3) b) S(3 | −7) c) S(−4 | 6)

2

a) Spezial-Tarif lohnt sich ab einem Gasverbrauch von mehr als 20 m^3.
b) Bei einem Verbrauch von 21 m^3 gilt:
Basic-Tarif: 13,40 €
Spezial-Tarif: 13,25 €

3

80 m^3; 44 €

Seite 17

1

a) $x = 3$; $y = 4$ b) $x = 5$; $y = 3$ c) $x = 3$; $y = 1$

2

a) I) $6x + 5y = 19{,}60$
II) $3x + 4y = 11{,}90$
Orangensaft: $x = 2{,}10$ €
Apfelsaft: $y = 1{,}40$ €
b) I) $x + y = 23$
II) $3x + 5y = 85$
Dreibettzimmer: $x = 15$
Fünfbettzimmer: $y = 8$
c) I) $x + y = 42$
II) $2x + 4y = 132$
Hühner: $x = 18$
Kaninchen: $y = 24$

Seite 18

1

a) $x = 4$; $y = 4$ b) $x = 12$; $y = 2$
c) $x = -2$; $y = 4$ d) $u = 2$; $v = 3$

2

a) I) $x + y = 7$
II) $4x - 2y = 13$
$x = 4{,}5$; $y = 2{,}5$
b) I) $2x + 2y = 180$
II) $x + 20 = y$
$x = 35$ (Breite); $y = 55$ (Länge)
c) I) $2x + y = 18{,}5$
II) $2x = y + 2{,}5$
$x = 5{,}25$ (Schenkel); $y = 8$ (Basis)
d) I) $y = 8x - 1$
II) $x + y = 80$
$x = 9$ (Franziska); $y = 71$ (Opa)

Seite 19

1

a) I) : 3 b) II) · 4 c) I) · 3; II) · 4

2

a) I) wird mit 3 multipliziert, danach Gleichsetzungsverfahren
$x = -5;\ y = 20$
b) II) wird mit 2 multipliziert, danach Additionsverfahren
$x = 7;\ y = -2$
c) I) wird mit −3 multipliziert, II) mit 2, danach Additionsverfahren; $x = 65;\ y = -20$

3

a) z.B. I) $x + y = 5$
II) $x - y = 3$

b) z.B. I) $x + 2y = 13$
II) $3x + y = 24$

(Es sind unendlich viele Gleichungssysteme möglich.)

4

a) I) $5x - 3y = 35$
II) $3x + 2y = 40$
$x = 10;\ y = 5$
b) x = Menge der teureren Sorte (in g)
y = Menge der günstigeren Sorte (in g)
Gewicht 1. Mischung: 20 kg Preis: 20 · 2,90 € = 58,00 €
Gewicht 2. Mischung: 25 kg Preis: 25 · 3,40 € = 85,00 €
I) $8x + 12y = 58$
II) $20x + 5y = 85$
$x = 3{,}65;\ y = 2{,}40$
Die billigere Sorte kostet 2,40 € pro kg, die teurere 3,65 €.

Seite 21 Test

[einfach]

1

f(x) – ②, g(x) – ①

2

S(1 | 2)

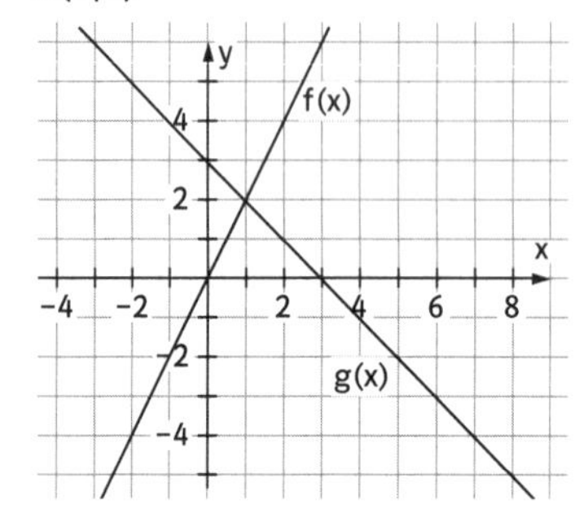

3

A: 10 € pro Tag
B: Grundgebühr = 30 €; 5 € pro Tag

4

$f(x) = 2x - 2$

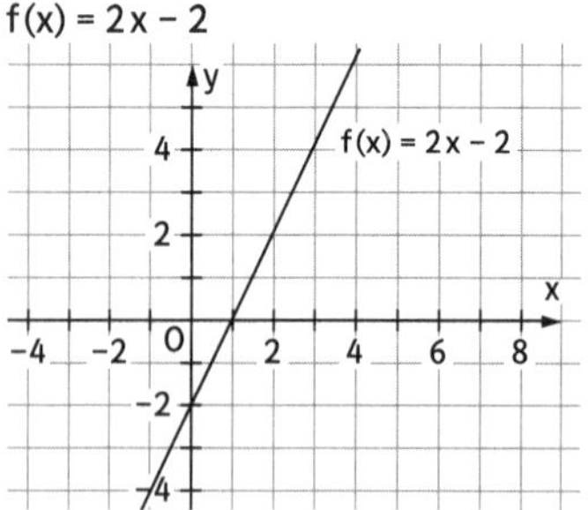

[mittel]

1

(1) $f(x) = -2x + 3$ (2) $g(x) = x - 1$

2

Minuten	Tarif (I)	Tarif (II)
0	20,00	0,00
10	23,00	5,00
20	26,00	10,00
30	29,00	15,00
40	32,00	20,00
50	35,00	25,00
60	38,00	30,00
70	41,00	35,00
80	44,00	40,00
90	47,00	45,00
100	50,00	50,00
110	53,00	55,00

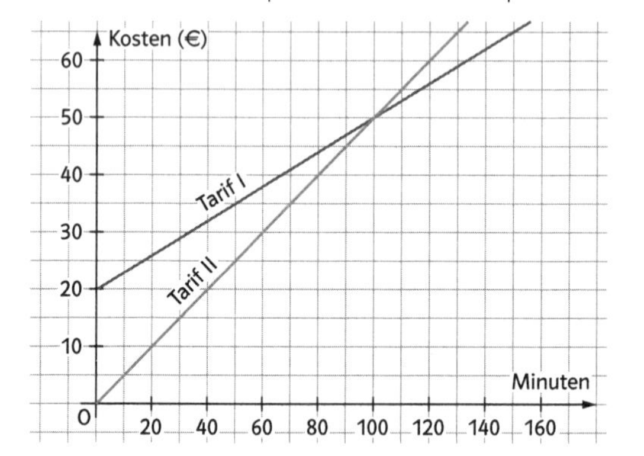

Tarif (I) ist ab 101 Minuten günstiger.

3

S(4 | 14)

4

S(9 | 30) ist nicht der Schnittpunkt der Geraden f(x) und g(x).
Der Schnittpunkt ist S′(9 | 29).

[schwieriger]

1

(1) $f(x) = -\frac{1}{4}x + 3$; (2) $g(x) = \frac{3}{2}x - 2$

2

S(6 | 22)

3

$x = 3;\ y = 7$

4

I) $x + y = 57$
II) $x = y + 5$
$x = 31;\ y = 26$
Die T-Shirts kosten 31 € bzw. 26 €.

3 Der Satz des Pythagoras

Seite 22

1

a) richtig b) falsch c) richtig
d) falsch e) falsch f) richtig
g) individuelle Lösung

2

a) $a^2 = 6{,}25\,cm^2$; $b^2 = 6{,}25\,cm^2$; $c^2 = 9\,cm^2$
Spitzwinklig, da $9\,cm^2$ kleiner als $6{,}25\,cm^2 + 6{,}25\,cm^2$ ist.
b) $a^2 = 1\,cm^2$; $b^2 = 0{,}09\,cm^2$; $c^2 = 1{,}44\,cm^2$
Stumpfwinklig, da $1{,}44\,cm^2$ größer als $1\,cm^2 + 0{,}09\,cm^2$ ist.
c) $a^2 = 12{,}96\,cm^2$; $b^2 = 23{,}04\,cm^2$; $c^2 = 36\,cm^2$
Rechtwinklig, da $36\,cm^2$ gleich $12{,}96\,cm^2 + 23{,}04\,cm^2$ ist.

Seite 23

1

a) Seitenlängen: 6 cm; 8 cm; 10 cm
Flächeninhalte: $36\,cm^2$; $64\,cm^2$; $100\,cm^2$
b) Seitenlängen: 2 cm; 4 cm; ca. 4,5 cm
Flächeninhalte: $4\,cm^2$; $16\,cm^2$; $20\,cm^2$
c) Seitenlängen: 2 cm; 3 cm; ca. 3,6 cm
Flächeninhalte: $4\,cm^2$; $9\,cm^2$; $13\,cm^2$
d) Seitenlängen: 2 cm; 13 cm; ca. 13,2 cm
Flächeninhalte: $4\,cm^2$; $169\,cm^2$; $173\,cm^2$
e) Seitenlängen: 1 cm; 6 cm; ca. 6,1 cm
Flächeninhalte: $1\,cm^2$; $36\,cm^2$; $37\,cm^2$
f) Seitenlängen: 4,5 cm; 2,5 cm; ca. 5,1 cm
Flächeninhalte: $20{,}25\,cm^2$; $6{,}25\,cm^2$; $26{,}5\,cm^2$

Seite 24

1

a) $\sqrt{214} \approx 14{,}6$; $\sqrt{1620} \approx 40{,}2$; $\sqrt{2010} \approx 44{,}8$;
$\sqrt{2735} \approx 52{,}3$; $\sqrt{3000} \approx 54{,}8$; $\sqrt{20} \approx 4{,}5$; $\sqrt{401} \approx 20{,}0$;
$\sqrt{5000} \approx 70{,}7$; $\sqrt{9999} \approx 100{,}0$
b) $\sqrt{0{,}01} = 0{,}1$; $\sqrt{0{,}05} \approx 0{,}2$; $\sqrt{0{,}9} \approx 0{,}95$; $\sqrt{2} \approx 1{,}4$;
$\sqrt{3} \approx 1{,}7$; $\sqrt{0{,}16} = 0{,}4$; $\sqrt{\frac{1}{4}} = \frac{1}{2}$; $\sqrt{\frac{1}{2}} \approx 0{,}7$; $\sqrt{2{,}25} = 1{,}5$

2

a) 6,32 b) 8,37 c) 10 d) 11,18 e) 24,49
f) 30 g) 31,62 h) 50 i) 100

3

b) $\sqrt{2}$ c) $\sqrt{232}$ d) $\sqrt{333}$ e) $\sqrt{289}$
f) $\sqrt{34}$ g) 10 h) $\sqrt{20}$

4

individuelle Lösungen

Seite 25

1

a) $c \approx 10{,}82\,cm$ b) $a \approx 10{,}72\,cm$ c) $b \approx 13{,}34\,cm$

2

a) $e \approx 23{,}4\,cm$; $A = 270\,cm^2$
b) $a = 8\,cm$; $e \approx 28{,}2\,cm$
c) $b = 9{,}5\,cm$; $e \approx 12{,}4\,cm$
d) $a \approx 73{,}8\,cm$; $A \approx 2317{,}2\,cm^2$
e) $b \approx 44{,}4\,cm$; $A \approx 1066{,}4\,cm^2$

3

a) z.B.

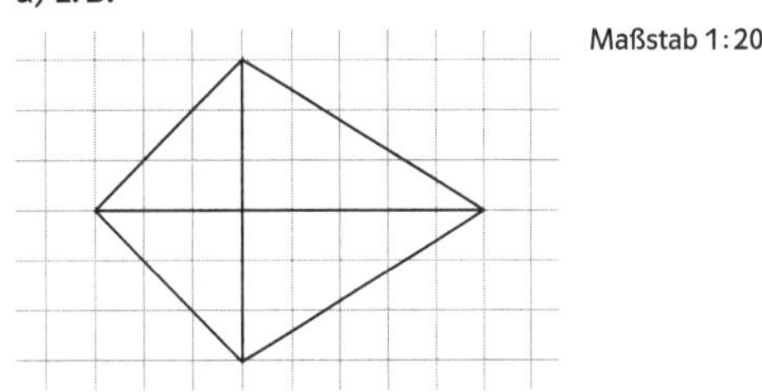

Maßstab 1:20

b) Länge der Schnur:
$2 \cdot \sqrt{30^2 + 30^2} + 2 \cdot \sqrt{30^2 + 50^2} = 2 \cdot \sqrt{1800} + 2 \cdot \sqrt{3400} \approx 201{,}5$
Es sind ca. 202 cm Schnur notwendig.
c) Es ist weniger Schnur notwendig.
d) Am wenigsten Schnur ist notwendig, wenn die Querleiste in der Mitte der Längsleiste verläuft.

Seite 26

1

a) A(−125 | −75), E(225 | −100), L(125 | 200), R(325 | 50), W(0 | 0)
b) $\overline{ER} = \sqrt{32\,500} \approx 180{,}28\,m$
$\overline{AL} = \sqrt{138\,125} \approx 371{,}65\,m$
c) $\overline{CD} = \sqrt{26} \approx 5{,}1$

2

a) Flächeninhalt der Seitenflächen: 2
Flächeninhalt des Dreiecks ABC:
$A_{ABC} = \frac{1}{2} \cdot \overline{BC} \cdot h = \frac{1}{2} \cdot \sqrt{8} \cdot \sqrt{6} = \sqrt{12}$
b) Behauptung des Satzes für x = 2:
$(2)^2 + (2)^2 + (2)^2 = (\sqrt{12})^2$
$12 = 12$
Die Behauptung gilt also.
c) Für beliebiges x:
Seitenflächeninhalt: $\frac{1}{2}x \cdot x = \frac{1}{2}x^2$
Berechnung des Basisflächeninhalts:
$\overline{BC} = \sqrt{x^2 + x^2} = \sqrt{2x^2} = x \cdot \sqrt{2}$
$A_{ABC} = \frac{1}{2} \cdot \overline{BC} \cdot h$
Berechnung der Höhe h in einem gleichseitigen Dreieck der Seitenlänge a:
$h = \sqrt{a^2 - (\frac{a}{2})^2} = \sqrt{\frac{3}{4}a^2} = \frac{\sqrt{3}}{2} \cdot a$
Also im Dreieck ABC: $h = \frac{\sqrt{3}}{2} \cdot x\sqrt{2} = \sqrt{\frac{3}{2}} \cdot x$
$A_{ABC} = \frac{1}{2} \cdot x\sqrt{2} \cdot \sqrt{\frac{3}{2}} \cdot x = \frac{\sqrt{3}}{2} \cdot x^2$
Behauptung:
$\left(\frac{1}{2}x^2\right)^2 + \left(\frac{1}{2}x^2\right)^2 + \left(\frac{1}{2}x^2\right)^2 = \left(\frac{\sqrt{3}}{2}x^2\right)^2$
$\frac{1}{4}x^4 + \frac{1}{4}x^4 + \frac{1}{4}x^4 = \frac{3}{4}x^4$
$\frac{3}{4}x^4 = \frac{3}{4}x^4$

Seite 28 Test

[einfach]

1

a) spitzwinklig, da $3^2 + 3^2 > 3^2$
b) rechtwinklig, da $3^2 + 4^2 = 5^2$

2

a) $\sqrt{5^2 + 3^2} = \sqrt{34} \approx 5{,}8$
b) $\sqrt{7^2 - 5^2} = \sqrt{24} \approx 4{,}9$

3

Der Drachen ist 60 m hoch.

4

a) Spieler C ist 11 m entfernt, Spieler D ist etwa 10,7 m entfernt.
b) Spieler B und C sind 9,15 m voneinander entfernt.

[mittel]

1

a) stumpfwinklig, da $3^2 + 3^2 < 5^2$
b) rechtwinklig, da $4{,}5^2 + 6^2 = 7{,}5^2$

2

a) $\sqrt{11^2 + 5^2} = \sqrt{146} \approx 12{,}1$
b) $\sqrt{9^2 - 6^2} = \sqrt{45} \approx 6{,}7$

3

Die Befestigung liegt bei 28,7 m.

4

a) Spieler E ist etwa 20,9 m entfernt.
Spieler A ist etwa 26,1 m entfernt.
b) Spieler A und E sind etwa 41,8 m voneinander entfernt.

[schwieriger]

1

a) spitzwinklig, da $6^2 + 6^2 > 8^2$
b) stumpfwinklig, da $5^2 + 9^2 < 12^2$

2

a) $\sqrt{10^2 - 9} \approx 9{,}5;\ 3$
b) $\sqrt{a^2 - 16};\ \sqrt{2a^2 - 32}$

3

gesuchte Länge: a
$a^2 = (a - 30)^2 + 80^2$
$a^2 = a^2 - 60a + 900 + 6400$
$60a = 7300$
$a \approx 121{,}7$
Das Pendel ist etwa 121,7 cm lang.

4

a) Spieler E ist etwa 20,9 m entfernt.
Spieler B ist etwa 18 m entfernt.
b) Spieler C und D sind etwa 10,7 m voneinander entfernt.

4 Körper und Flächen

Seite 29

1

a) $343\,cm^3$ b) $294\,cm^2$

2

a) $30\,cm^3$ b) $59\,cm^2$

3

a) $180\,km^3$ b) $72\,cm^3$
c) 6 dm d) 4,5 m
e) 8 mm f) $2047{,}5\,km^3$
g) 0,7 cm

4

a) $28\,cm^2$; $36\,cm^2$; $126\,cm^2$; $190\,cm^2$
b) $180{,}5\,mm^2$; $108{,}5\,mm^2$; $180{,}5\,mm^2$; $541{,}5\,mm^2$
c) $40\,km^2$; $25\,km^2$; $20\,km^2$; $85\,km^2$
d) $42\,cm^2$; $28\,cm^2$; $48\,cm^2$; $118\,cm^2$

5

a) $V = 18\,dm^3$; $O = 45\,dm^2$
b) $V = 7650\,mm^3$; $O = 2770\,mm^2$
c) $V = 355{,}2\,cm^3$; $O = 303{,}2\,cm^2$
d) $V = 14\,400\,m^3$; $O = 3780\,m^2$

Seite 30

1

ROQUEFORT

2

a) $225\,km^3$ b) 5 cm
c) $55\,m^2$ d) $234\,dm^3$
e) 3,6 mm

3

a) $50\,km^2$ b) $27\,cm^2$
c) $1858{,}5\,dm^2$ d) $1215{,}5\,m^2$
e) 20 mm

4

a) $196\,cm^3$ b) $20{,}28\,cm^3$

5

a) $19{,}9\,cm^2$ b) $184{,}5\,cm^2$

Seite 31

1

1) $36\,cm^2$; 2) $102\,cm^2$; 3) $138\,cm^2$

2

a) $295{,}2\,dm^2$ b) $162\,mm^2$
c) $3397{,}2\,cm^2$

3

a) $36,75\,cm^2$ b) $7560\,mm^2$

c) $6,09\,dm^2$

Seite 33 Test

[einfach]

1

$V_W = 125\,cm^3$; $O_W = 150\,cm^2$

2

a) $V_{Pr} = 392\,cm^3$ b) $O_{Pr} = 366\,mm^2$

3

$O_{Py} = 189\,cm^2$

[mittel]

1

$V_Q = 70\,cm^3$; $O_Q = 103\,cm^2$

2

a) $V_{Pr} = 37{,}1\,cm^3$ b) $O_{Pr} = 79{,}35\,cm^2$

3

$O_{Py} = 74{,}25\,cm^2$

[schwieriger]

1

$c = 2{,}5\,cm$; $O_Q = 86{,}5\,cm^2$

2

a) $V_{Pr} = 405{,}3\,cm^3$ b) $O_{Pr} = 451{,}16\,cm^2$

3

$O_{Py} = 95{,}41\,dm^2$

5 Quadratische Funktionen

Seite 34

1

a) – c)

x	$y = x^2$
±1	1
±2	4
±3	9
±4	16
±5	25
±6	36
±7	49
±8	64
±9	81
±10	100

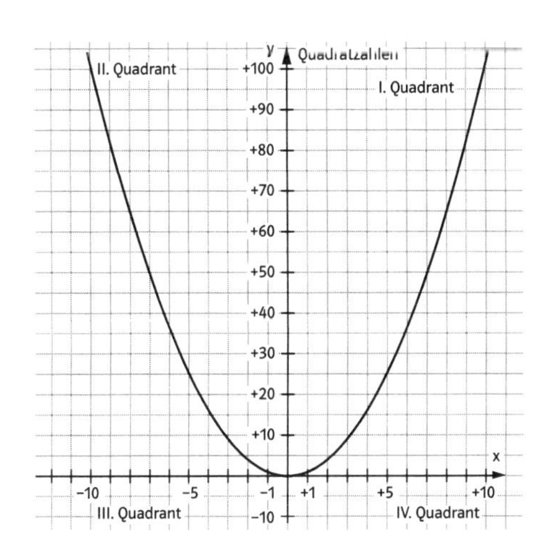

d) Die Quadratzahlen von positiven und negativen Zahlen wachsen gleich.
Die Quadratzahlen wachsen erst langsam, dann immer schneller.
Quadratzahlen sind immer positiv.

2

… fällt … steigt … symmetrisch … positiven … oben … Nullpunkt … Scheitelpunkt …

3

x	−3	−2	−1	0	+1	+2	+3
$0,25x^2$	2,25	1	0,25	0	0,25	1	2,25
$2,5x^2$	22,5	10	2,5	0	2,5	10	22,5
$-0,5x^2$	−4,5	−2	−0,5	0	−0,5	−2	−4,5

… unten … höchste …
- … schmaler …
- … breiter …

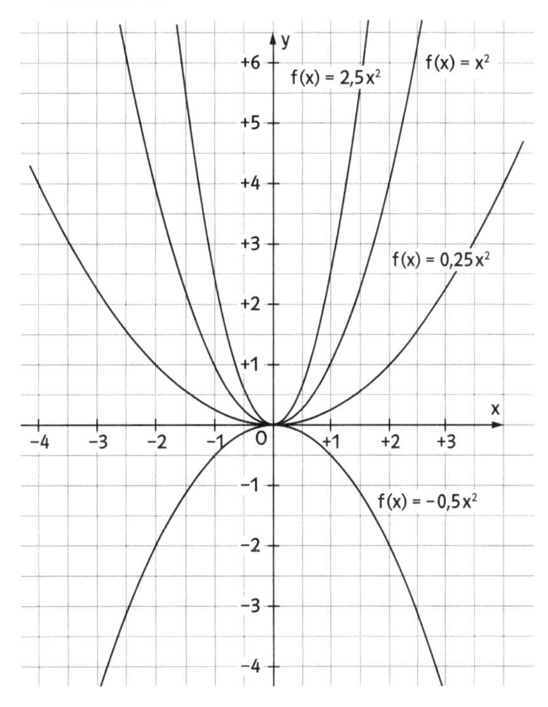

Seite 35

1

x	−2	−1	0	+1	+2
$f_1(x) = x^2 + 1$	+5	+2	+1	+2	+5
$f_2(x) = x^2 + 2{,}5$	+6,5	+3,5	+2,5	+3,5	+6,5
$f_3(x) = x^2 - 2$	2	−1	−2	−1	2
$f_4(x) = -x^2 - 1$	−5	−2	−1	−2	−5

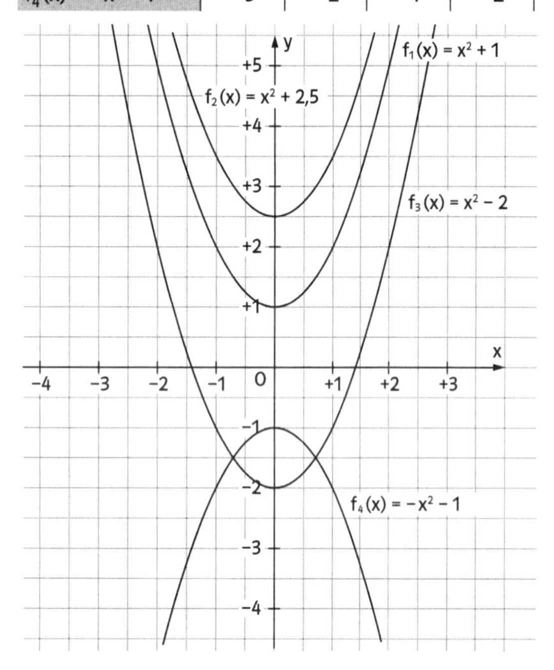

Die Zahl hinter x^2 zeigt die Verschiebung des Scheitelpunkts auf der y-Achse an.

2

x	−4	−3	−2	−1	0	1	2	3	4
$f_5(x) = 2x^2 + 1$	33	19	9	3	1	3	9	19	33
$f_6(x) = 0{,}5x^2 - 1$	7	3,5	1	−0,5	−1	−0,5	1	3,5	7
$f_7(x) = -1{,}5x^2 + 3$	−21	−10,5	−3	1,5	3	1,5	−3	−10,5	−21
$f_8(x) = -0{,}25x^2 + 2$	−2	−0,25	1	1,75	2	1,75	1	−0,25	−2

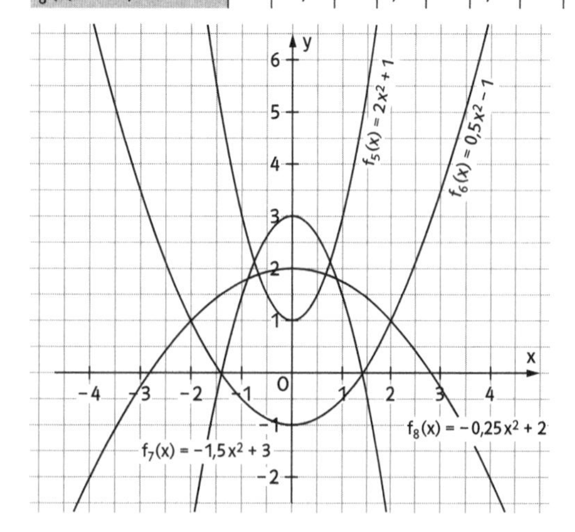

$f_5(x) = 2x^2 + 1$: Die Parabel ist schmaler als eine Normalparabel. Sie ist nach oben geöffnet und der Scheitelpunkt ist um 1 höher als bei einer Normalparabel.

3

a) schmaler
b) breiter
c) schmaler (nach unten geöffnet)
d) breiter (nach unten geöffnet)

Seite 36

1

a) P_1: ja; P_2: nein; P_3: ja
b) P_1: nein; P_2: ja; P_3: ja

2

$f(x) = ax^2 + b$
mögliches Koordinatensystem:
x-Achse auf Bodenhöhe, y-Achse geht durch die Mitte des Bogens. Daraus ergeben sich zur Ermittlung der Funktionsgleichung folgende Punkte:
Scheitelpunkt: $S(0\,|\,22)$
$b = 22$
weiterer Punkt: $P(9\,|\,0)$
$0 = a \cdot 9^2 + 22$
$a = -\frac{22}{81} \approx -0{,}2716$
Funktionsgleichung: $f(x) = -0{,}2716x^2 + 22$

3

Wenn man annimmt, dass die Kokosnuss von einer Höhe von 20 m herunterfällt, ist sie in 2 Sekunden unten am Boden. Wenn man die eigene Größe ignoriert, muss man sich innerhalb von 2 Sekunden in Sicherheit bringen.

4

a)

x	−40	−30	−20	−10	0	10	20	30	40
$-0{,}0375x^2 + 60$	0	26,25	45	56,25	60	56,25	45	26,25	0

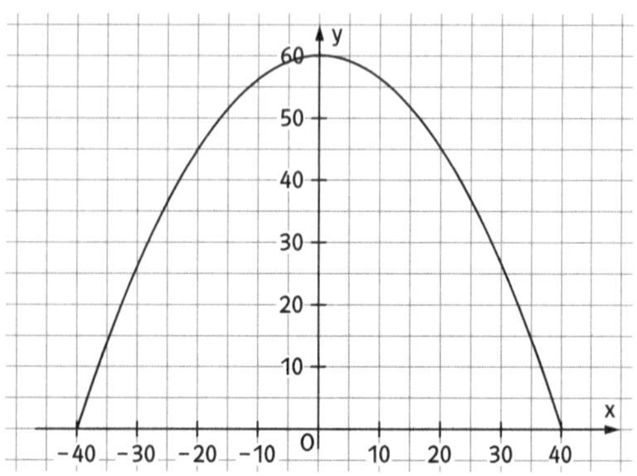

b) 60 m
c) 80 m

Seite 38 Test

[einfach]

1

$f(x) = x^2$; $g(x) = -0{,}5 \cdot x^2$

2

x	−2	−1	0	1	2
$h(x) = 2x^2$	+8	+2	0	+2	+8

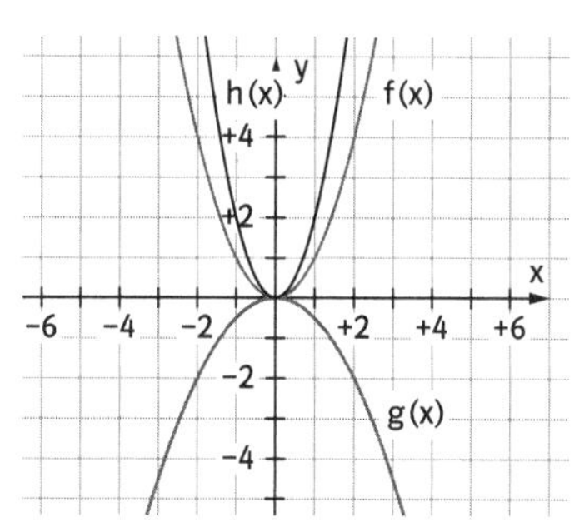

3

P_1: ja; P_2: nein; P_3: ja

4

Die angegebene Parabel f(x) geht durch den Nullpunkt,
ist breiter als die Normalparabel und ist nach oben geöffnet.

5

$a = \frac{1}{2}$

[mittel]

1

$f(x) = 0{,}25\,x^2$; $g(x) = -2\,x^2$

2

x	−2	−1	0	1	2
$h(x) = -1{,}5\,x^2$	−6	−1,5	0	−1,5	−6

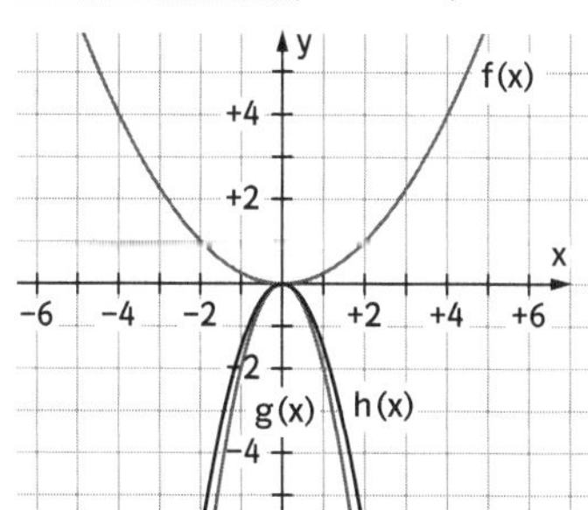

3

P_1: ja; P_2: ja; P_3: nein

4

Die angegebene Parabel f(x) geht durch den Nullpunkt,
ist schmaler als die Normalparabel und ist nach unten geöffnet.

5

$a = 1{,}5$

[schwieriger]

1

$f(x) = \frac{1}{3}x^2 - 2$; $g(x) = -x^2 + 2$

2

x	−2	−1	0	1	2
$h(x) = -\frac{1}{2}x^2 - 1$	−3	−1,5	−1	−1,5	−3

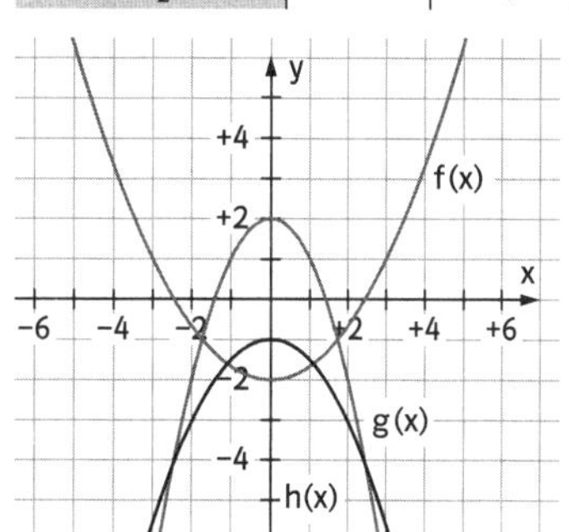

3

P_1: nein; P_2: nein; P_3: ja

4

Die angegebene Parabel f(x) geht durch den Nullpunkt,
ist breiter als die Normalparabel und ist nach unten geöffnet.

5

$a = 4$

6 Kreise und Kreiskörper

Seite 39

1

a) ≈ 21,0 cm b) ≈ 46,5 mm c) ≈ 17,0 m d) ≈ 45,2 dm
e) ≈ 58,4 mm f) ≈ 28,3 km

2

a) d = 5 km; u ≈ 15,7 km
b) r ≈ 16,3 m; u ≈ 102,4 m
c) d ≈ 12,3 mm; r ≈ 6,1 mm
d) d = 18,4 dm; u ≈ 57,8 dm
e) d ≈ 20,6 cm; r ≈ 10,3 cm
f) r ≈ 5,3 km; u ≈ 33,0 km
g) d ≈ 18,4 m; r ≈ 9,2 m
h) d ≈ 9,3 mm; r ≈ 4,6 mm

3

a)

Fahrradgröße	28	26	24	20	18
Raddurchmesser (cm)	71	66	61	51	46
Umfang (cm)	223	207	192	160	144

b) Benedict: ≈ 1928-mal; Patrick: ≈ 2785-mal;
Mutter: ≈ 1790-mal

4

a) $\frac{1}{2} \cdot 2\pi r + 2 \cdot r = \pi \cdot 2\,cm + 2 \cdot 2\,cm \approx 10{,}3\,cm$

b) $\frac{1}{4} \cdot 2\pi r + 2 \cdot r = \frac{1}{2}\pi \cdot 3\,cm + 2 \cdot 3\,cm \approx 10{,}7\,cm$

c) $2 \cdot \frac{1}{4} \cdot 2\pi r + 2 \cdot r = \pi r + 2r = \pi \cdot 2\,cm + 2 \cdot 2\,cm \approx 10{,}3\,cm$

d) $2 \cdot \frac{1}{2} \cdot 2\pi r + 2 \cdot 1\,cm = 2\pi \cdot 1\,cm + 2\,cm \approx 8{,}3\,cm$

Seite 40

1

a) $\approx 47{,}8\,m^2$ b) $\approx 84{,}9\,km^2$ c) $\approx 52{,}8\,cm^2$

2

a) $d = 6{,}2\,m$; $A \approx 30{,}2\,m^2$ b) $r = 4{,}2\,cm$; $A \approx 55{,}4\,cm^2$

c) $r \approx 10{,}0\,m$; $d \approx 20{,}0\,m$ d) $d = 10{,}2\,mm$; $A \approx 81{,}7\,mm^2$

e) $r \approx 5{,}0\,cm$; $d \approx 10{,}0\,cm$

3

≈ 0,79; ≈ 3,14; ≈ 2,01; ≈ 0,03; ≈ 0,02

4

50; 201; 452; 804

5

a) 2 Viertelkreise

$2 \cdot \frac{1}{4} \cdot \pi \cdot r^2 = \frac{1}{2}\pi \cdot r^2 = \frac{1}{2}\pi(2\,cm)^2 \approx 6{,}28\,cm^2$

b) 2 Halbkreise + 1 Quadrat

$2 \cdot \frac{1}{2}\pi \cdot r^2 + (2\,cm)^2 = \pi(1\,cm)^2 + (2\,cm)^2 \approx 7{,}14\,cm^2$

c) 1 Quadrat + 1 Halbkreis – 1 Halbkreis = 1 Quadrat

$(2\,cm)^2 + 4\,cm^2$

d) 1 Quadrat + 4 Halbkreise

$(1\,cm)^2 + 4 \cdot \frac{1}{2}\pi \cdot (0{,}5\,cm)^2 \approx 2{,}57\,cm^2$

6

a) $A_R = \pi(11^2 - 6^2)\,mm^2 \approx 267{,}0\,mm^2$

b) $A_R = \pi(35{,}2^2 - 27{,}5^2)\,m^2 \approx 1516{,}7\,m^2$

c) $A_R = \pi\left(\left(\frac{15}{2}\right)^2 - \left(\frac{4{,}5}{2}\right)^2\right)cm^2 \approx 160{,}8\,cm^2$

d) $A_R = \pi(9{,}2^2 - 8{,}2^2)\,dm^2 \approx 54{,}7\,dm^2$

Seite 41

1

a) $\approx 47{,}8\,cm^2$ b) $\approx 12{,}3\,cm$

2

a) $A_S = \pi r^2 \cdot \frac{60°}{360°}$; $A_S \approx 16{,}4\,cm^2$

b) $b = 2\pi r \cdot \frac{38°}{360°}$; $b \approx 3{,}2\,mm$

c) $A_S = \pi r^2 \cdot \frac{\alpha}{360°}$; und $b = 2\pi r \frac{\alpha}{360°}$.

$\frac{A_S}{b} = \frac{\pi r^2 \cdot \frac{\alpha}{360°}}{2\pi r \frac{\alpha}{360°}} = \frac{r}{2} \implies A_S = b \cdot \frac{r}{2} \implies r = \frac{2A_S}{b}$

$r = \frac{2 \cdot 710\,m^2}{50\,m} = 28{,}4\,m$

d) $b = 2\pi r \cdot \frac{\alpha}{360°} \implies \alpha = \frac{b \cdot 360°}{2\pi r} = \frac{b \cdot 180°}{\pi r}$; $\alpha \approx 75{,}14°$

3

a) $A = \pi(15^2 - 7{,}5^2) \cdot \frac{90°}{360°}cm^2$; $A \approx 132{,}5\,cm^2$

b) $A = \pi(16\,cm)^2 \cdot \frac{350°}{360°}$; $A \approx 781{,}9\,cm^2$

c) $A = \frac{1}{4}\pi(18\,cm)^2 - 3 \cdot \frac{1}{4}\pi(9\,cm)^2 = \frac{1}{4}\pi(18^2 - 3 \cdot 9^2)\,cm^2$;

$A \approx 63{,}6\,cm^2$

d) $A = 3 \cdot \pi\left(\frac{15}{2}cm\right)^2 \frac{60°}{360°} = \frac{1}{2}\pi 7{,}5^2\,cm^2$; $A \approx 88{,}4\,cm^2$

4

1) $G \approx 78{,}5\,cm^2$ 2) $M \approx 196{,}4\,cm^2$ 3) $O \approx 274{,}9\,cm^2$

5

a) $O \approx 32{,}2\,cm^2$

b) $s^2 = h^2 + \left(\frac{d}{2}\right)^2$; $s \approx 22{,}02\,cm$

$O = \pi r^2 + \pi \cdot r \cdot s$; $O \approx 399{,}5\,cm^2$

Seite 42

1

1) $\approx 22{,}9\,cm^2$ 2) $\approx 64{,}5\,cm^2$ 3) $\approx 110{,}3\,cm^2$

2

a) $\approx 2147{,}8\,cm^2 \approx 21{,}5\,dm^2$ b) $\approx 8737{,}5\,mm^2 \approx 87{,}3\,cm^2$

3

	r	h	G	M	O
a)	5,4 cm	7 cm	91,6 cm²	237,5 cm²	420,7 cm²
b)	9,1 m	3,8 m	260,2 m²	217,3 m²	737,6 m²
c)	4,7 mm	2,9 mm	69,4 mm²	85,6 mm²	224,4 mm²
d)	8,2 dm	4,6 dm	211,2 dm²	237 dm²	659,5 dm²
e)	6,3 cm	5,1 cm	124,7 cm²	201,9 cm²	451,3 cm²
f)	1,5 m	3,4 m	7,1 m²	32 m²	46,2 m²

4

$\approx 502{,}7\,cm^2$

5

$A = 3 \cdot \frac{1}{4} \cdot 2\pi rh = \frac{3}{2}\pi \cdot 4{,}60\,m \cdot 11{,}30\,m \approx 244{,}9\,m^2$

6

a) $\approx 13\,194{,}7\,cm^2 \approx 1{,}3\,m^2$

b) $13\,194{,}7\,cm^2 \cdot \frac{120}{100} \approx 15\,833{,}6\,cm^2 \approx 1{,}6\,m^2$

c) $1{,}60\,m^2 : 1{,}40\,m \approx 1{,}14\,m$

Calvin sollte mindestens 1,15 m Stoff kaufen.

Seite 43

1

a) $r = 1{,}9\,cm$; $V \approx 38{,}6\,cm^3$ b) $V \approx 929{,}1\,cm^3$

2

a) $V \approx 149\,500{,}5\,cm^3 \approx 149{,}5\,dm^3$

b) $V \approx 94\,260{,}4\,cm^3 \approx 94{,}3\,dm^3$

c) $r = 23{,}9\,mm = 2{,}39\,cm$; $V \approx 559{,}9\,cm^3$

d) $V \approx 74\,474{,}9\,cm^3 \approx 74{,}5\,dm^3$

3

	r	h	G	O	V
a)	6,2 cm	9,1 cm	$120{,}8\,cm^2$	$596{,}0\,cm^2$	$1098{,}9\,cm^3$
b)	3,7 m	14,5 m	$43{,}0\,m^2$	$423{,}1\,m^2$	$623{,}6\,m^3$
c)	4,2 mm	8,3 mm	$55{,}4\,mm^2$	$329{,}8\,mm^2$	$459{,}8\,mm^3$
d)	9,7 dm	2,5 dm	$295{,}6\,dm^2$	$743{,}6\,dm^2$	$739{,}0\,dm^3$
e)	12,5 cm	11,1 cm	$490{,}9\,cm^2$	$1853{,}6\,cm^2$	$5449\,cm^3$
f)	5,4 dm	7,2 dm	$91{,}6\,dm^2$	$427{,}5\,dm^2$	$659{,}5\,dm^3$
g)	8,1 m	6,4 m	$206{,}1\,m^2$	$737{,}9\,m^2$	$1319{,}0\,m^3$
h)	1,6 mm	3,9 mm	$8\,mm^2$	$55{,}2\,mm^2$	$31{,}2\,mm^3$

4
In die Regentonne passen 250 Liter. Sie fasst ca. $261\,341{,}2\,cm^3 \approx 261{,}3\,dm^3$ (also 261,3 Liter).

5
$24\,543{,}7\,cm^3 \approx 24{,}5\,dm^3$, also rund 24,5 Liter

6
a) $V \approx 5003{,}0\,dm^3$ b) rund 5000 Liter

Seite 45 Test

[einfach]

1
$u \approx 56{,}5\,cm$

2
$A \approx 7{,}07\,m^2$

3
$A \approx 141{,}75\,cm^2$

4
$O = 469\,cm^2$

5
$V \approx 8143\,cm^3$

[mittel]

1
$u \approx 62{,}83\,cm$

2
$d \approx 1{,}8\,m$

3
$b \approx 3{,}36\,m$

4
$O \approx 17{,}89\,cm^2$

5
$V \approx 232{,}28\,cm^3$

[schwieriger]

1
$u \approx 33{,}56\,cm$

2
$A \approx 804{,}25\,cm^2$

3
$r \approx 67{,}46\,cm$

4
$O \approx 154{,}38\,cm^2$

5
$V \approx 70\,685{,}83\,cm^3 \approx 70{,}69\,dm^3$ (bzw. Liter)

7 Große und kleine Zahlen

Seite 46

1
a) $5 \cdot 5 = 25;\ 5^5 = 3125$
b) $3 \cdot 11 = 33;\ 11^3 = 1331$
c) $4 \cdot 0{,}5 = 2;\ 0{,}5^4 = 0{,}0625$

2
a) $3^5 = 243$ b) $1^6 = 1$
c) $0{,}4^3 = 0{,}064$ d) $10^5 = 100\,000$
e) $0{,}1^5 = 0{,}000\,01$

3
a) $6 \cdot 6 \cdot 6 \cdot 6 = 1296$
b) $9 \cdot 9 \cdot 9 = 729$
c) $10 \cdot 10 \cdot 10 \cdot 10 \cdot 10 \cdot 10 = 1\,000\,000$
d) $0{,}2 \cdot 0{,}2 \cdot 0{,}2 \cdot 0{,}2 = 0{,}0016$
e) $20 \cdot 20 \cdot 20 \cdot 20 \cdot 20 = 3\,200\,000$

4
a) $2^3 < 3^2$ b) $5^3 < 3^5$ c) $2^1 > 1^2$
d) $2^4 = 4^2$ e) $8^0 > 0^8$ f) $10^2 < 2^{10}$
g) $1^5 < 5^1$ h) $6^2 < 2^6$

5
a) $256 = 16^2 = 4^4 = 2^8$ b) $625 = 25^2 = 5^4$
c) $14\,641 = 121^2 = 11^4$ d) $729 = 27^2 = 9^3 = 3^6$

6
a) 4 b) 4 c) 243 d) 3
e) 0,1 f) $\frac{1}{8}$ g) 6 h) 1 000 000

7
a) 1 048 576 b) 20 736
c) 37 259,704 d) ≈ 2 024 484
e) ≈ 0,082 653 95 f) 0,000 207 36
g) $\frac{1}{32} = 0{,}031\,25$ h) $\frac{8}{125} = 0{,}064$

8
z. B.:
a) $9 \cdot 8 = 3^2 \cdot 2^3$ b) $81 \cdot 4 = 3^4 \cdot 2^2$
c) $125 \cdot 10\,000 = 5^3 \cdot 10^4$ d) $27 \cdot 100\,000 = 3^3 \cdot 10^5$
e) $81 \cdot 0{,}000\,001 - 3^4 \cdot 0{,}1^6$

9
nach 3 Jahren: $8^3 = 512$ nach 5 Jahren: $8^5 = 32\,768$

Seite 47

1

a) 10^5 b) 10^{10} c) $4 \cdot 10^4$ d) $25 \cdot 10^6$
e) $184 \cdot 10^9$

2

a) 900 000 b) 270 000 000 c) 319 000 000
d) 64 000 e) 35 600 000

3

a) $3 \cdot 10^8$ b) $4{,}78 \cdot 10^7$ c) $5{,}69 \cdot 10^5$
d) $3{,}366 \cdot 10^8$ e) $8{,}473 \cdot 10^{11}$

4

a) $704{,}969 = 7{,}04969 \cdot 10^2$
b) $482\,886\,137{,}4 = 4{,}828\,861\,374 \cdot 10^8$
c) $\approx 2\,719\,736{,}1 = 2{,}7197361 \cdot 10^6$
d) $2765{,}44 = 2{,}76544 \cdot 10^3$
e) $149\,046{,}56 = 1{,}4904656 \cdot 10^5$

5

70 Trilliarden = $7 \cdot 10^{22}$ = 70 000 000 000 000 000 000 000
35 Mio. Sandkörner = $3{,}5 \cdot 10^7$
1 Kubikmeter = $3{,}5 \cdot 10^9$ Körner/m^3
25,5 Mio $km^2 = 25{,}5 \cdot 10^6\,km^2 = 25{,}5 \cdot 10^6 \cdot (10^3\,m)^2 = 25{,}5 \cdot 10^{12}\,m^2$
alle Wüsten und Strände (bei 1 m Tiefe):
$3{,}5 \cdot 10^9 \cdot 25{,}5 \cdot 10^{12} = 8{,}925 \cdot 10^{22} \approx 89$ Trilliarden
Die Behauptung ist also falsch. Schon bei 1 m Sandtiefe sind es fast 90 Trilliarden Sandkörner. Da der Sand oft viele Hundert Meter tief liegt, sind es wahrscheinlich 10- bis 100-mal mehr Sandkörner als Sterne.

Seite 48

1

a) $3{,}8 \cdot 10^{-1}$ b) $1{,}25 \cdot 10^{-1}$ c) $4 \cdot 10^{-2}$
d) $2 \cdot 10^{-3}$ e) $1{,}0026 \cdot 10^{-1}$ f) $1{,}02 \cdot 10^{-2}$
g) $2{,}6 \cdot 10^{-5}$ h) $2{,}22 \cdot 10^{-3}$

2

a) 0,0005 b) 0,000 0027
c) 0,000 087 63 d) 0,000 065

3

a) $2{,}51 \cdot 10^{-13} = 0{,}000\,000\,000\,000\,251$
b) $2{,}4386 \cdot 10^{-6} = 0{,}000\,002\,4386$
c) $9{,}844 \cdot 10^{-8} = 0{,}000\,000\,098\,44$
d) $4{,}1937 \cdot 10^{-8} = 0{,}000\,000\,041\,937$

4

a) $1 \cdot 10^{-4}\,m$ b) $3 \cdot 10^{-6}\,m$ c) $8 \cdot 10^{-6}\,m$
d) $2{,}4 \cdot 10^{-7}\,m$ e) $8 \cdot 10^{-6}\,m$ f) $3 \cdot 10^{-9}\,m$

5

a) 0,02 µm = 20 nm b) $2 \cdot 10^{-8}\,m$
c) 47 mm : 0,000 02 mm ≈ 2 350 000-mal

6

a) 30,5 Tage = $30{,}5 \cdot 24 \cdot 60 \cdot 60\,s = 2\,635\,200\,s$
$2\,635\,200\,s \cdot 3 \cdot 10^{-9}\,\frac{m}{s} = 7{,}9056 \cdot 10^{-3}\,m \approx 0{,}79\,cm$ (pro Monat)
b) $7{,}9056 \cdot 10^{-3} \cdot 12 \cdot 120\,000 = 11\,384{,}064\,m \approx 11{,}38\,km$

Seite 50 Test

[einfach]

1

a) $3^3 = 27$ b) $2^5 = 32$
c) $10^4 = 10\,000$ d) $0{,}5^3 = 0{,}125$

2

a) $4^3 < 3^4$ b) $7^2 < 2^7$ c) $10^1 > 1^{10}$ d) $1^6 < 6^1$

3

a) 10^6 b) $5 \cdot 10^4$ c) $36 \cdot 10^2$ d) $132 \cdot 10^5$

4

a) 600 000 b) 32 000 000 c) 0,0008 d) 0,000 0025

5

20 736 Ratten gibt es nach 4 Jahren.

[mittel]

1

a) 125 b) 144 c) 100 000 d) 0,0081

2

a) 5 b) 2 c) 8000 d) 3

3

a) $1{,}8 \cdot 10^7$ b) $3{,}275 \cdot 10^5$
c) $7{,}6648344 \cdot 10^4$ d) $1{,}11111111 \cdot 10^8$

4

a) $1 \cdot 10^{-4}$ b) $3{,}2 \cdot 10^{-3}$ c) $1{,}384 \cdot 10^{-2}$ d) $1{,}01 \cdot 10^{-4}$

5

100 000 Viren passen nebeneinander in den Tropfen.

[schwieriger]

1

a) 1296 b) 3375
c) 5,378 24 d) ≈ 3 379 220,5

2

a) 6 b) 3 c) 331776 d) 5

3

a) $3{,}6 \cdot 10^7$ b) $8{,}775625 \cdot 10^4$
c) $6{,}25 \cdot 10^{-4}$ d) $3{,}03 \cdot 10^{-5}$

4

a) $\approx 2{,}535525 \cdot 10^4$ b) $\approx 2{,}0583461 \cdot 10^5$
c) $\approx 1{,}4064086 \cdot 10^4$ d) $2{,}75 \cdot 10^4$

5

Die Erde ist ungefähr 81,32-mal schwerer als der Mond.

Mathematik im Beruf

Seite 51

Rechnungen mit Auswahlantworten (I)

1
3 Stunden

2
4€

3
84€

4
15 l

5
14.55 Uhr

6
13 Motoren

7
48 Tage

8
178,50€

9
0,50 m

10
8

Seite 52

Rechnungen mit Auswahlantworten (I)

1
20%

2
1150€

3
10%

4
3000 m^3

5
340 l

6
70 m^2

7
1400 m^3

Zahlenreihen ergänzen

1
a) 18 21 b) 32 64 c) 21 28 d) 10 6
e) 15 9 f) 28 33 g) 8 11 h) 30 60

2
a) 10; 35 b) 3; 11

Gleiches und Ungleiches erkennen

1
a) Zweites Kästchen b) Drittes Kästchen
c) Drittes Kästchen d) Drittes Kästchen

Seite 53

Schätzen

1
50; $12 \cdot 50 = 600$
Es sind ungefähr 600 Punkte.

2
Teile das Bild in vier gleich große Felder, in einem Feld sind etwa 30 Personen, insgesamt sind es etwa 120 Personen.

3
Etwa zwischen 400 und 600 Bonbons.

4
a) 10 g; 750 kg; 5000 g b) 5 km/h; 70 km/h; 22 km/h
c) 5,8 m; 1,75 m; 5 mm

5
a) Gemessen ergibt sich die über doppelte Länge der Größe der Personen, allerdings verzerrt die Perspektive im Foto die Länge. Schätzung: 4 m bis 4,50 m.
b) Die Körpergröße ist etwa 7-mal so groß wie die Fußlänge. Mit den obigen Maßen ergibt sich eine Größe von 28 m bis 31,50 m für die Statue.

Seite 54

Flächen und Körper

1
a) 10 b) 9 c) 8 d) 8

2
a) Fig. 4 b) Fig. 2 c) Fig. 3 d) Fig. 1

3
a) und f); b) und e); c) und d)

4
a) O b) Z

5
① > ⑥ > ② > ④ > ③ > ⑤

Mathematische Werkstatt

Seite 55

1
A → −1508; B → −391; C → 1460

2
(von links nach rechts) −145; −120; −85; −70

3
(von links nach rechts) −5,74; −5,69; −5,64; −5,59

4
a) $1{,}01 < 1{,}04 < 1{,}046 < 1{,}1$
b) $6{,}099 < 6{,}9 < 7{,}11 < 7{,}2$
c) $-0{,}64 < -0{,}46 < -0{,}446 < -0{,}4$
d) $3\frac{1}{5} < 3{,}25 < 3{,}303 < 3\frac{1}{3}$

5
$1\frac{1}{2} = 1{,}5 = 150\,\%$; $\frac{2}{5} = 0{,}4 = 40\,\%$
$\frac{3}{20} = 0{,}15 = 15\,\%$; $\frac{7}{10} = 0{,}7 = 70\,\%$
$\frac{12}{100} = 0{,}12 = 12\,\%$; $\frac{1}{8} = 0{,}125 = 12{,}5\,\%$
$0{,}6 = 60\,\% = \frac{6}{10}$; $0{,}375 = 37{,}5\,\% = \frac{3}{8}$

6

a) $\frac{1}{2} = 0{,}5 = 50\,\%$ b) $\frac{3}{4} = 0{,}75 = 75\,\%$

c) $\frac{1}{4} = 0{,}25 = 25\,\%$ d) $\frac{5}{8} = 0{,}625 = 62{,}5\,\%$

Seite 56

1

a) $\frac{2}{5} > \frac{2}{7}$ b) $\frac{3}{8} < \frac{3}{4}$ c) $\frac{4}{8} = \frac{5}{10}$

d) $\frac{3}{4} > \frac{2}{3}$ e) $\frac{2}{3} > \frac{4}{9}$ f) $\frac{3}{5} > \frac{4}{9}$

2

a) 5 b) 6 c) 7

d) 6 e) 7 f) 6

3

a) 15 b) 10 c) 20 d) 21

e) 14 f) 64 g) 36 h) 49

4

a) $\frac{5}{5} = 1$ b) $\frac{13}{15}$ c) $\frac{8}{9}$

d) $\frac{2}{21}$ e) $-\frac{4}{9}$ f) $\frac{11}{20}$

5

a) $\frac{2}{3}$ b) $\frac{7}{12}$ c) $\frac{7}{12}$ d) $\frac{3}{14}$

e) $1\frac{3}{4}$ f) $\frac{4}{9}$ g) $\frac{5}{12}$ h) $\frac{2}{15}$

6

$\frac{4}{5} - \frac{2}{6} = \frac{14}{30}$ bzw. $\frac{4}{5} - \frac{14}{30} = \frac{2}{6}$

7

a) $\frac{3}{5}$ b) $\frac{1}{10}$ c) $\frac{5}{8}$

d) $\frac{25}{81}$ e) 2 f) $\frac{2}{5}$

8

$\frac{12}{25} \cdot \frac{10}{9} = \frac{8}{15}$

Seite 57

1

a) $-5 - 7 = -12$ b) $-8 + 8 = 0$

c) $9 - 4 = 5$ d) $-17 - 18 = -35$

e) $-27 - 34 = -61$

2

a) $-2 + 7 - 10 = -5$ b) $7 + 5 - 9 = 3$

c) $-20 + 25 - 3 = 2$ d) $-34 - 17 - 28 = -79$

e) $43 - 24 + 19 = 38$

3

a) 1,2 b) −3,8 c) 8,1 d) −3,3 e) −2,4

4

a) −28 b) 45 c) −5 d) 5

5

a) −45 b) 8 c) 12,5 d) −3

e) 7 f) −3 g) 7 h) −14

6

a) 144 b) 72 c) −15 d) 5 e) 0,9

7

a) 0,5 b) 0,32 c) −8 d) −0,8 e) −0,5

f) −5,125 g) −1,28 h) −0,392 i) 1,25 j) 5

Seite 58

1

a)

Bruch	Prozent	Dezimalzahl
$\frac{1}{2}$	50 %	0,5
$\frac{1}{5}$	20 %	0,2
$\frac{1}{4}$	25 %	0,25
$\frac{3}{4}$	75 %	0,75
$\frac{9}{10}$	90 %	0,9

b)

Bruch	Prozent	Dezimalzahl
$\frac{3}{50}$	6 %	0,06
$\frac{3}{5}$	60 %	0,6
$\frac{1}{8}$	12,5 %	0,125
$\frac{76}{1000}$	7,6 %	0,076
$1\frac{22}{25}$	188 %	1,88

c)

Bruch	Prozent	Dezimalzahl
$\frac{18}{30}$	60 %	0,6
$\frac{1}{125}$	0,8 %	0,008
$\frac{3}{8}$	37,5 %	0,375
$\frac{2}{3}$	$66{,}\overline{6}$ %	$0{,}\overline{6}$
$5\frac{1}{5}$	520 %	5,2

2

a) 30 % b) 40 % c) 50 % d) 25 % e) 75 %

3

Miete und Nebenkosten 40 %
Lebensmittel 25 %
Kleidung 10 %
Versich. 8 %
Sonstiges 17 %

4

Note 1: 5 %; Note 2: 15 %; Note 3: 40 %; Note 4: 30 %; Note 5: 10 %

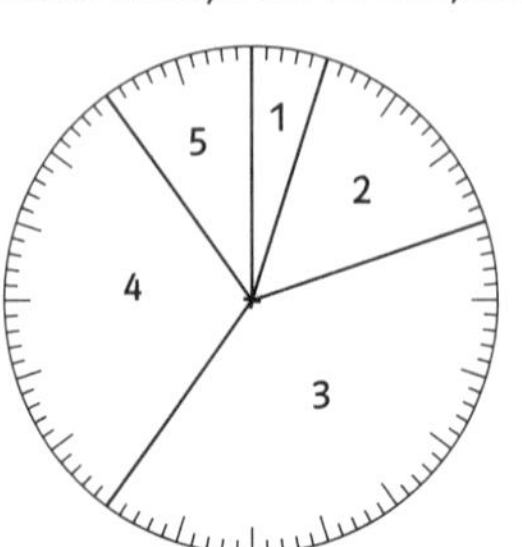

Seite 59

5

a) 23 kg   b) 192 cm   c) 57 ml   d) 575,7 g
e) 164,88 €   f) 1058 m^2

6

a) 64 %   b) 16 %   c) 30 %   d) 56 %
e) 24 %   f) 7,2 %

7

a) 75 Personen   b) 90 a   c) 700 m^3
d) 3400 ml   e) 450 €   f) 5 s

8

a) 47,40 €; 139,30 €; 79,60 €; 41,25 €
b) um 40 %; um 45 %; um 40 %; um 60 %
c) 25 €; 95 €; 9,95 €; 39 €

Seite 60

9

Kapital 450 €; Zinssatz 3,2 %; Jahreszinsen 14,40 €

10

15 €; 207 €; 2343,75 €; 25,35 €; 763,84 €

11

2 %; 3,5 %; 0,85 %; 8,6 %; 10,25 %

12

600 €; 1150 €; 8750 €; 15 480 €; 12 800 €

13

Kapital	3000 €	4500 €
Zinssatz	2,5 %	3 %
Zinsen nach 30 Tagen	6,25 €	11,25 €
Zinsen nach 4 Monaten	25 €	45 €
Zinsen nach 150 Tagen	31,25 €	56,25 €
Zinsen nach 165 Tagen	34,38 €	61,88 €
Zinsen nach 275 Tagen	57,29 €	103,13 €
Zinsen nach 300 Tagen	68,75 €	123,75 €
Jahreszinsen	75 €	135,00 €

14

a) Calvin erhält
nach dem 1. Jahr 1025 €; nach dem 2. Jahr 1060,88 €;
nach dem 3. Jahr 1108,61 €; nach dem 4. Jahr 1169,59 €;
nach dem 5. Jahr 1245,61 €.
b) ca. 802,82 €

Seite 61

1

Für $x = 1$ gilt:

$(x-1)(x-4) = 4(x-1)^2$ der Wert ist 0
$-x = (x-1)^3 - 1$ der Wert ist −1
$x^3 + x^2 + x = 4 - x$ der Wert ist 3
$x^2 - 8 = -4 - 3x$ der Wert ist −7
$(x+1)^2 = x^2 + 3$ der Wert ist 4

Für $x = 2$ gilt:

$2x = 4(x-1)^2$ der Wert ist 4
$x - 2 = (x-1)^3 - 1$ der Wert ist 0
$x^2 - x = 4 - x$ der Wert ist 2
$(1-x)(x+8) = -4 - 3x$ der Wert ist −10
$2x^2 - x + 1 = x^2 + 3$ der Wert ist 7

2

Das Lösungswort lautet FAKTOREN.

3

$a(a-1)(a+2)$ und abc sind Produkte dreier Terme.
$x^3 + x^2 + x$ und $a + (2a+1)^2 + b^2$ sind Summen dreier Terme.
$(x^2+1)(x+4)$ und $(xy+1)(3+y)$ sind Produkte von zwei Summen.
$(2a+b)^2 + b^2$ und $x^2 + 4$ sind Summen von Quadraten.

Seite 62

4

Löse die Gleichung.
a) $x = 2$ b) $x = \frac{1}{3}$ c) $y = -2$ d) $x = 1,5$
e) $x = -1$ f) $x = -4,5$

5

Das Lösungswort lautet GLEICHUNG.

6

Die „Umrechnungen" 100 Cent = 10 Cent · 10 Cent und 0,1 Euro · 0,1 Euro sind falsch.

Seite 63

1

Uhrzeit (h)	8	9	10	11	12
Temperatur (°C)	14	15	17	20	24

Uhrzeit (h)	13	14	15	16	17
Temperatur (°C)	25	25	23	21	20

2

Schaubild ① → Textspalte rechts
„Kim beginnt mit schnellerem Tempo, läuft dann etwas langsamer, bleibt dann kurze Zeit stehen, läuft dann etwas schneller bis zum Treffpunkt."
Schaubild ② → Textspalte links
„Kim beginnt mit schnellerem Tempo, wird dann langsamer, läuft wieder etwas schneller, wird wieder langsamer, sprintet bis zum Treffpunkt und wartet dort auf Sarah."

3

a)

	waagerechte Strecke (m)	0	50	100	150
Zahnradbahn	Höhe (m)	0	12,5	25	37,5
Standseilbahn	Höhe (m)	0	40	80	120

b) 25 %; 80 %
(Steigung von 25 % bedeutet, dass es auf einer Länge von 100 m einen Höhenunterschied von 25 m gibt.)

Seite 64

4

a) Der y-Wert wächst mit einem konstanten Faktor des x-Wertes.
b)

x	0	1	2	3	4	6
y	0	0,5	1	1,5	2	3

c) um 0,5 d) 0,5 e) $f(x) = 0{,}5 \cdot x$

5

a) 1; x b) 2; 2x
c) 0,5; 0,5x d) 0,25; 0,25x
e) −1; −x f) −2,5; −2,5x

6

a) $f(x) = 12x + 30$; x: Anzahl der Tage
b)

Tage	0	1	2	3	4	5	6	7	8	9
€	30	42	54	66	78	90	102	114	126	138

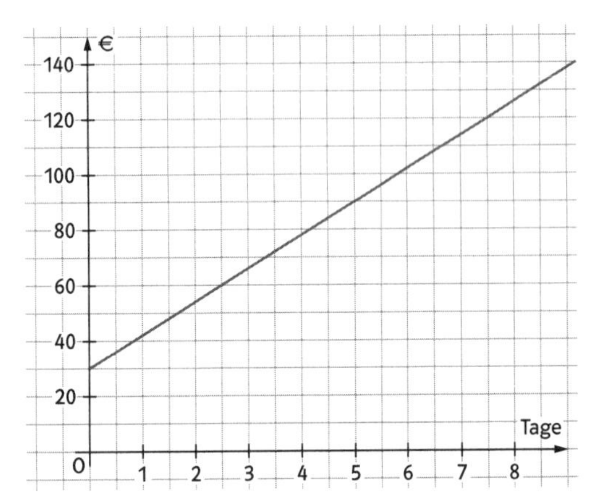

c) Bis zu 4 Tagen ist das Angebot von „Bikers" günstiger. Bei Fa. Berger würde es 78 € kosten. Bei 5 Tagen ist das Angebot bei „Bikers" um 1 € teurer. Bei einer Woche (7 Tage) ist das Angebot von „Bikers" wieder günstiger und bei 10 Tagen teurer. Das Angebot bei Fa. Berger ist außerdem ab 8 Tage flexibler, da man die Anzahl der Tage nach Bedarf festlegen kann und kein festes „Paket" buchen muss.

Seite 65

1

a) 50 mm; 200 mm; 38 mm; 4000 mm; 110 mm
b) 80 cm; 2 cm; 26 cm; 480 cm; 25 cm
c) 6 m; 4 m; 2500 m; 0,3 m; 1080 m

2

a) 4,06 m < 4 m 50 cm < 4 m 6 dm < 466 cm
b) 1 km 3 m < 1030 m < 1300 m < 10 km 30 m
c) 0,85 m < 8 dm 50 cm < 85 dm < 855 cm

3

a) 18 b) 12 c) 4,725

4

a) Die Länge der Grundseite muss man dann halbieren.
b) Die Höhe h_g muss man dann versechsfachen.

5

a) $326{,}4\,m^2$; 109,6 m b) $195\,km^2$; 67 km
c) 16 dm; 122 dm d) 150 mm; 330 mm
e) 5 m; $31\,m^2$ f) 2 km; $1{,}6\,km^2$

Seite 66

6

Fläche der Wand: $27{,}55\,m^2$
$27{,}55 \cdot 6{,}40\,€ = 176{,}32\,€$

7

a) $475\,dm^2$ b) $1936\,mm^2$

8

Das Vieleck links: $24{,}375\,cm^2$
Das Vieleck rechts: $24{,}625\,cm^2$

Seite 67

1

a) $G = 30\,cm^2$; $V = 144\,cm^3$ b) $G = 15\,cm^2$; $V = 72\,cm^3$

2

a) $G = 77\,cm^2$; $h = 30\,cm$; $V = 2310\,cm^3$
b) $598\,cm^3 = G \cdot 13\,cm$; $G = \frac{598\,cm^3}{13\,cm}$; $G = 46\,cm^2$

3

$A = 42{,}9\,m^2 + 11{,}7\,m^2 = 54{,}6\,m^2$ $V = 502{,}32\,m^3$

4

a) $A = 36{,}75\,m^2$; $V = 44100\,m^3$ b) 3675 Fuhren

5

a) $A = 11\,m^2 + 16{,}8\,m^2 = 27{,}8\,m^2$; $V = 417\,m^3$
b) $V' = 417\,m^3 - 22\,m \cdot 15\,m \cdot 0{,}1\,m = 384\,m^3$

Seite 68

1
a) Musik hören 91%; lesen 72%; fernsehen/ins Kino gehen 68%; am Computer arbeiten/spielen 61%; basteln/malen 49%; Fußball spielen 34%; Sonstiges 32%

b)

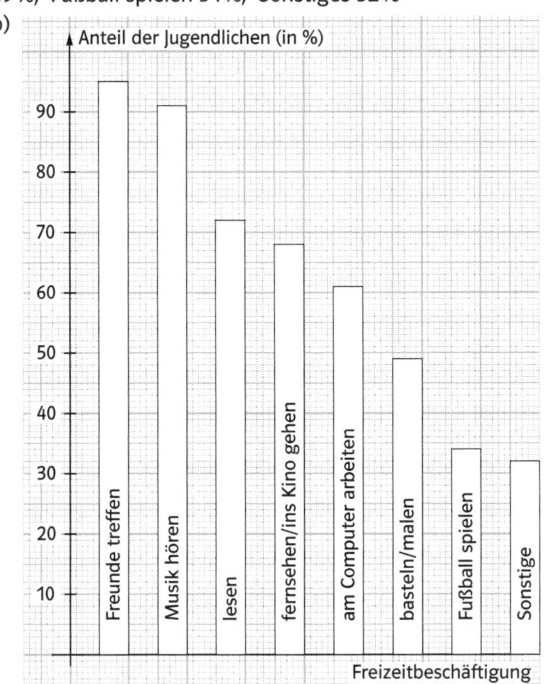

2
a) Sparen 42%; Reisen 24%; Klamotten kaufen 22%; Sonstiges kaufen 12%

b)

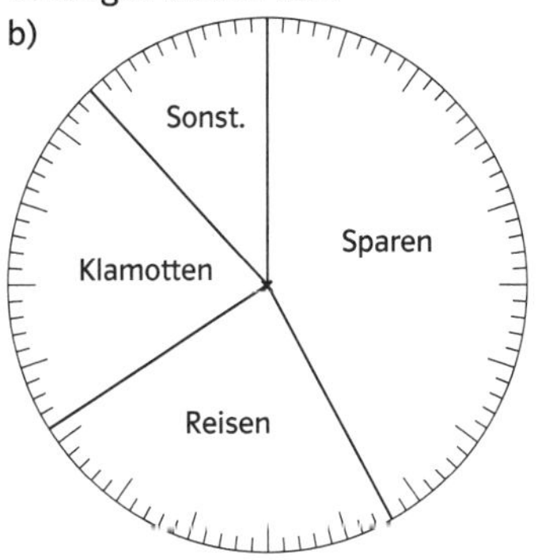

3
624; 400; 368; 128; 80

Seite 69

4
a) $\overline{m}$ = 7 cm; w = 9 cm b) $\overline{m}$ = 22 kg; w = 15 kg

c) $\overline{m}$ = 20 l; w = 35,1 l

5
a) $\overline{m}$ = 2,25 kg (2250 g); w = 4,25 kg (4250 g)

b) $\overline{m}$ = 14,5 l (14 500 ml); w = 33,95 l (33 950 ml)

c) $\overline{m}$ = 3,454 m (345,4 cm); w = 6,95 m (695 cm)

6
a) $\overline{m}$ = 7,2 km; z = 7,6 km b) $\overline{m}$ ≈ 4,45 €; z ≈ 4,62 €

c) $\overline{m}$ = 6,9$\overline{3}$ km (6933,$\overline{3}$ m); z = 6,8 km (6800 m)

7
22,86 °C (≈ 23 °C)

8
Kaiserstuhl: 11 °C; Berlin: 6,75 °C; München: 4,25 °C

Seite 70

2
a) Der Schnittpunkt mit der y-Achse wandert abwärts bis zu y = −3. Alle Graphen haben die gleiche Steigung.

b) Der Graph zu der Funktion y = 1,5 x gehört zu einer proportionalen Zuordnung. Er verläuft durch den Nullpunkt des Koordinatensystems.

3
b) $A = 8 \cdot \frac{8}{2} = 32\,\text{cm}^2$

c) Der Flächeninhalt bleibt immer gleich, da auch die Höhe und die Grundseite aller Dreiecke immer gleich bleiben.

4
a) z. B.: Stadttaxi: P(x) = 0,2 · x + 2,50

STERNtaxi: P(x) = 0,1 · x + 5

Hallo Taxi: P(x) = 0,4 · x

b)

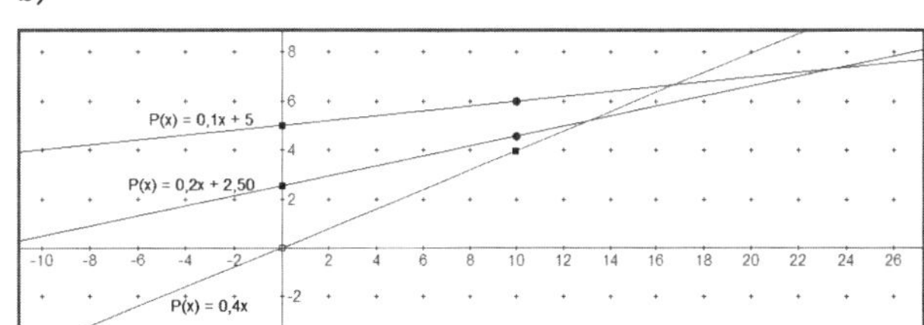

c) günstigster Fahrpreis: 2 km: 0,80 €; 5 km: 2,00 €
10 km: 4,00 €; 15 km: 5,50 €

	1 km	2 km	5 km	10 km	15 km
Stadttaxi	2,70	2,90	3,50	4,50	**5,50**
STERNtaxi	5,10	5,20	5,50	6,00	6,50
Hallo Taxi	**0,40**	**0,80**	**2,00**	**4,00**	6,00

5
Die Kugel hat insgesamt eine Strecke von
80 cm + 75 cm + 77,8 cm = 232,8 cm ≈ 2,33 m zurückgelegt
gewählter Maßstab: 1 : 10

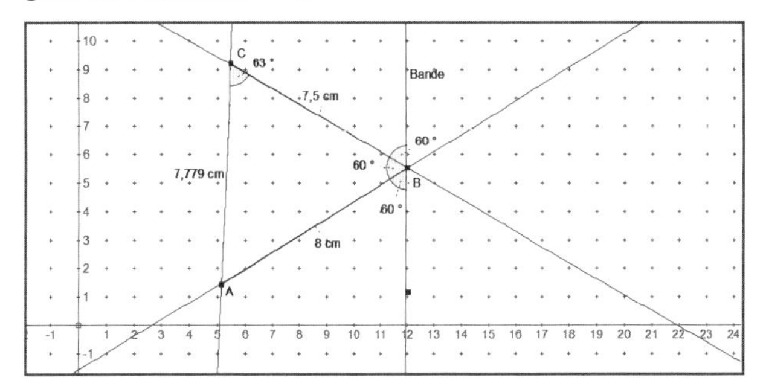

Seite 71/72 Abschlusstest

1
a) ≈ 11,0 cm   b) ≈ 9,6 cm²

2
a) 72 cm²   b) 34 cm

3
6396,25 m² gehen verloren.

4
①; ③; ④; ⑦

5
a) richtig   b) richtig   c) falsch   d) richtig

6
Bodendiagonale ≈ 4,9 m; Raumdiagonale ≈ 5,3 m

7
Mallorca: ≈ 3640 km²   Ibiza: ≈ 570 km²

8
a) 400 g Baumwolle; 240 g Acrylfaser; 160 g Wolle
b) 900 g

9
a) Vanille: 585; Schokolade 442; Erdbeere: 312; Nuss: 195; Zitrone: 169
b) Summe: 131 %; einige Personen haben mehr als eine Sorte als ihre Lieblingssorte angegeben.

10
a), b)

Rang/Sportart	Anzahl	%
1 Fußball	5	17
2 Tennis	6	20
3 Volleyball	9	30
4 Handball	10	33

c)

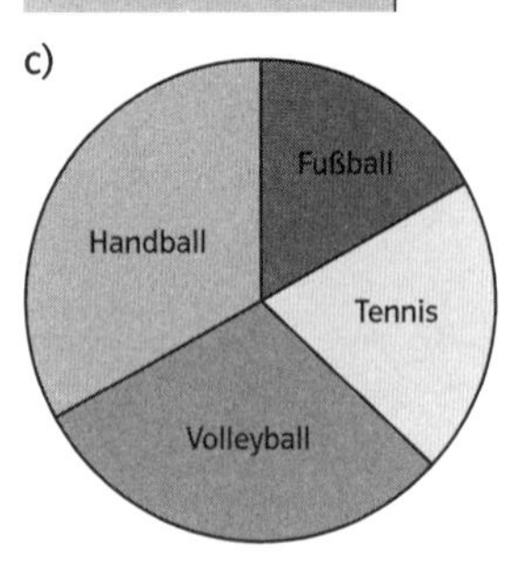

11
Graph y_1 → Gefäß 3)
Graph y_2 → Gefäß 2)
Graph y_3 → Gefäß 1)

12
a) 30; 17,5   b) 20   c) 250; 428,6

13
6 a + 6 b + 4 c: Paket C)   4 a + 4 b + 4 c: Paket A)
12 a + 10 b + 2 c: Paket B)

14
15 Stunden: 9 cm

15
435 Seiten; 338 Seiten

Beilage zum Arbeitsheft mathe live 9E und 9G
978-3-12-720354-7
978-3-12-720355-4
© Ernst Klett Verlag GmbH, Stuttgart 2008.
Alle Rechte vorbehalten. www.klett.de

Zeichnungen und Illustrationen: Rudolf Hungreder, Leinfelden; Rudi Warttmann, Nürtingen; media office gmbh, Kornwestheim
Satz: topset Computersatz, Nürtingen; media office gmbh, Kornwestheim

Überlege mithilfe des Lernrückblicks, ob du alles verstanden hast.

1 Ich kenne die Eigenschaften der Normalparabel mit der Gleichung $f(x) = x^2$: ....

....

....

....

....

2 Ich weiß, wie sich die Lage, die Form und die Öffnung der Parabel mit der Funktionsgleichung $f(x) = a \cdot x^2 + c$ ändern,

a) wenn a kleiner wird:

....

....

wenn a größer wird:

....

....

b) wenn c kleiner wird:

....

....

wenn c größer wird:

....

....

c) Ein Beispiel dazu ist:

y

x

0

3 Quadratische Zusammenhänge kommen in vielen Sachsituationen vor, z. B.

....

....

....

....

4 Entscheide dich.

☐ Ich fühle mich fit im Bereich „Quadratische Funktionen" und mache den Test auf der nächsten Seite.

☐ Bevor ich den Test mache, übe ich erst noch Folgendes: ....

....

 ▻ Schülerbuch, E-Kurs Seite 107 bis 126

[einfach]

1 Bestimme die Gleichungen der Graphen.

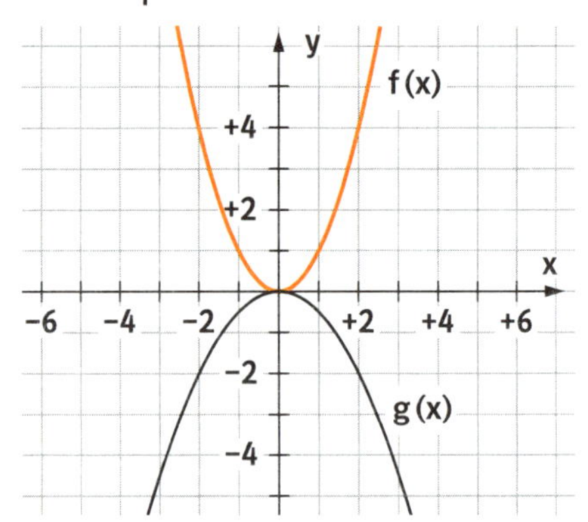

f(x) = ...

g(x) = ...

2 Fülle die Wertetabelle aus und zeichne die Parabel in 1 ein.

x	−2	−1	0	+1	+2
$h(x) = 2x^2$					

3 Liegen die Punkte auf der Parabel $f(x) = 2x^2$?

Punkt	ja	nein
$P_1(1\|2)$		
$P_2(-2\|6)$		
$P_3(3\|18)$		

4 Beschreibe Form und Öffnung der Parabel $f(x) = 0{,}4x^2$.

....

....

....

5 Der Punkt P(2|2) liegt auf der Parabel mit der Gleichung $f(x) = a \cdot x^2$. Bestimme a.

....

....

....

....

[mittel]

1 Bestimme die Gleichungen der Graphen.

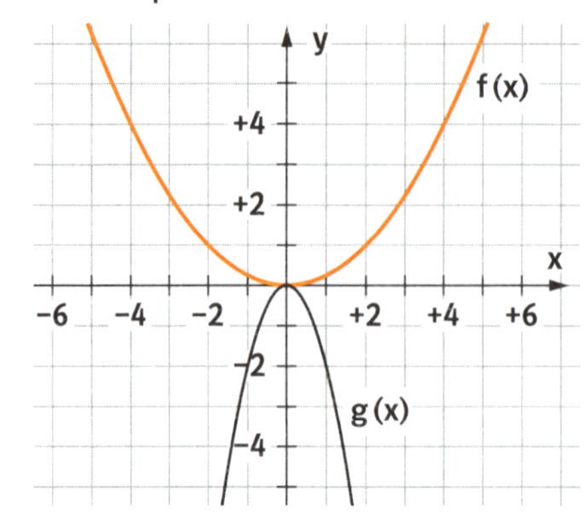

f(x) = ...

g(x) = ...

2 Fülle die Wertetabelle aus und zeichne die Parabel in 1 ein.

x	−2	−1	0	+1	+2
$h(x) = -1{,}5x^2$					

3 Liegen die Punkte auf der Parabel $f(x) = -\frac{1}{2}x^2$?

Punkt	ja	nein
$P_1(1\|-\frac{1}{2})$		
$P_2(3\|-4{,}5)$		
$P_3(-2\|+2)$		

4 Beschreibe Form und Öffnung der Parabel $f(x) = -2{,}5x^2$.

....

....

....

5 Der Punkt P(3|13,5) liegt auf der Parabel mit der Gleichung $f(x) = a \cdot x^2$. Bestimme a.

....

....

....

....

[schwieriger]

1 Bestimme die Gleichungen der Graphen.

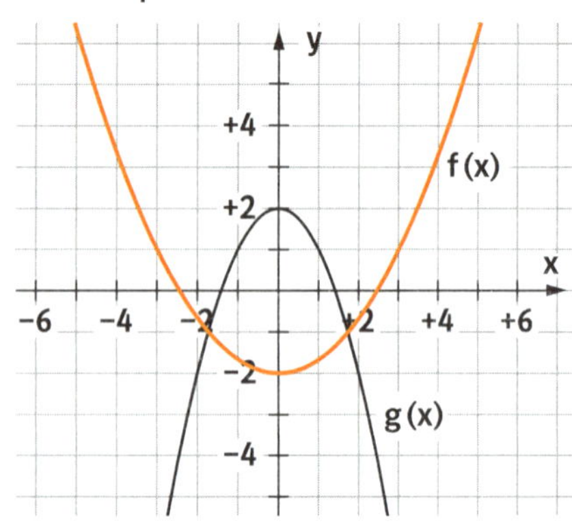

f(x) = ...

g(x) = ...

2 Fülle die Wertetabelle aus und zeichne die Parabel in 1 ein.

x	−2	−1	0	+1	+2
$h(x) = -\frac{1}{2}x^2 - 1$					

3 Liegen die Punkte auf der Parabel $f(x) = -x^2 - 2$?

Punkt	ja	nein
$P_1(1\|-2)$		
$P_2(2\|6)$		
$P_3(-2\|-6)$		

4 Beschreibe Form und Öffnung der Parabel $f(x) = -\frac{1}{3}x^2$.

....

....

....

5 Der Punkt P(2,5|45) liegt auf der Parabel mit der Gleichung $f(x) = a \cdot x^2 + 20$. Bestimme a.

....

....

....

....

Prüfe anhand der Lösungen in der Beilage.

1 [✓] Berechne die Kreisumfänge. Runde auf eine Stelle hinter dem Komma.

a) $d = 6{,}7\,cm$
$u = \pi \cdot d$
$= \pi \cdot 6{,}7\,cm$
≈ ………

b) $d = 14{,}8\,mm$
u = ………
= ………
≈ ………

c) $d = 5{,}4\,m$
u = ………
= ………
≈ ………

d) $r = 7{,}2\,dm$
$u = 2 \cdot \pi \cdot r$
= ………
≈ ………

e) $r = 9{,}3\,mm$
u = ………
= ………
≈ ………

f) $r = 4{,}5\,km$
u = ………
= ………
≈ ………

Tipp

Kreis

d d d d
u

Umfang $u = \pi \cdot d$
$u = 2 \cdot \pi \cdot r$

Ergebnisse (ohne Einheiten) 17,0; 21,0; 28,3; 45,2; 46,5; 58,4

2 Berechne die fehlenden Größen der Kreise. Runde auf eine Stelle hinter dem Komma.

	a)	b)	c)	d)	e)	f)	g)	h)
Radius r	2,5 km			9,2 dm				
Durchmesser d		32,6 m				10,5 km		
Kreisumfang u			38,6 mm		64,7 cm		57,8 m	29,2 mm

3 Fahrradgrößen werden anhand ihres Raddurchmessers in Zoll bezeichnet. 1 Zoll = 2,54 cm.

a) Berechne, wie groß der Durchmesser und der Umfang der angegebenen Fahrradgrößen sind. (Runde auf ganze Zahlen.)

Fahrradgröße	28	26	24	20	18
Raddurchmesser (cm)	71				
Umfang (cm)					

b) [●] Benedict fährt mit seiner Mutter und seinem kleinen Bruder Patrick zu seiner 4 km entfernt wohnenden Oma. Benedict fährt ein 26er-Rad, Patrick ein 18er und die Mutter ein 28er.
Wie häufig drehen sich die einzelnen Räder auf der Strecke? (Runde sinnvoll.)

Benedict ………

Patrick ………

Mutter ………

4 Berechne die Umfänge der Figuren.

a)

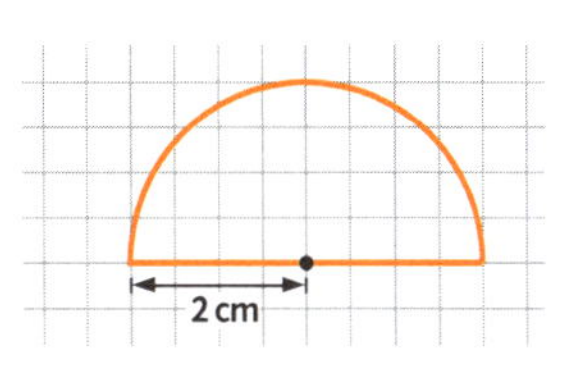

………

b)

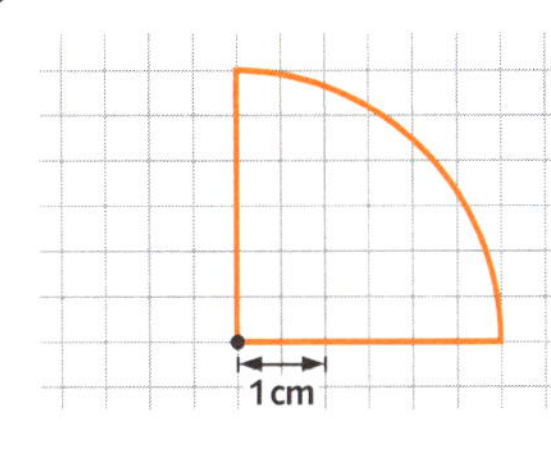

………

c) [●]

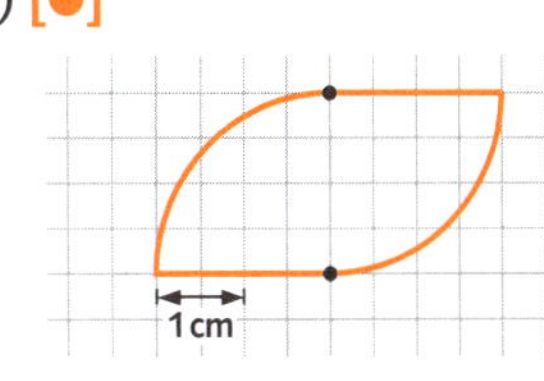

………

d) [●]

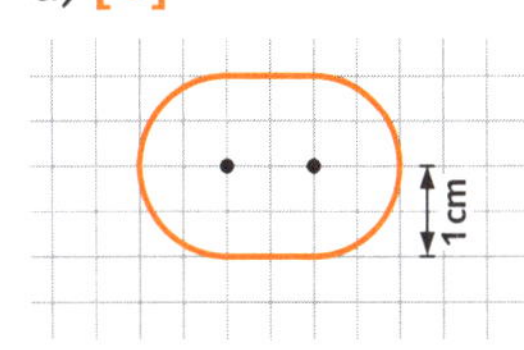

………

Kreisfläche

1 Berechne die Flächeninhalte der Kreise. Runde auf eine Nachkommastelle.

a) r = 3,9 m

$A = \pi \cdot r^2$

$= \pi \cdot (3{,}9\ m)^2$

≈

b) d = 10,4 km

$A = \pi \cdot \left(\frac{d}{2}\right)^2$

=

≈

c) r = 4,1 cm

A =

=

≈

Tipp

Kreis

Flächeninhalt
$A = \pi \cdot r^2$

Kreisring

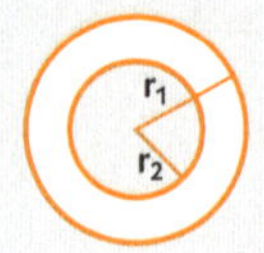

Flächeninhalt
$A_R = \pi \cdot r_1^2 - p \cdot r_2^2$
bzw.
$A_R = \pi \cdot (r_1^2 - r_2^2)$

2 Berechne die fehlenden Größen. Runde auf eine Nachkommastelle.

	a)	b)	c)	d)	e)
Radius r	3,1 m			5,1 mm	
Durchmesser d		8,4 cm			
Kreisfläche A			314,2 m²		78,5 cm²

3 Draht wird in verschiedenen Stärken (Durchmesser der Querschnittsfläche) angeboten. Berechne die Flächeninhalte der Querschnitte.

(Runde auf zwei Stellen hinter dem Komma.)

Drahtstärke (mm)	1	2	1,6	0,2	0,15
Querschnittsfläche (mm²)					

4 [●] Der Radius r = 4 cm eines Kreises wird verdoppelt, verdreifacht, vervierfacht. Berechne jeweils den Flächeninhalt.

(Runde auf ganze Zahlen.)

Radius	r	2 r	3 r	4 r
Flächeninhalt (cm²)				

5 [●] Berechne die Flächeninhalte der Figuren.

a)

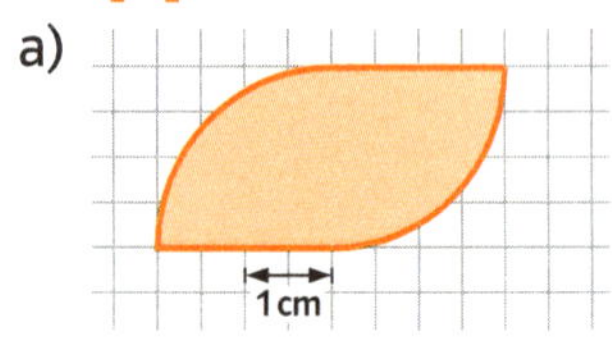

b)

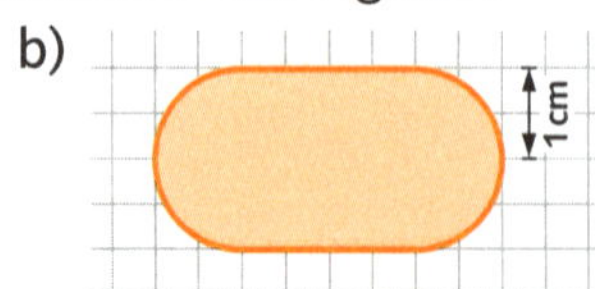

c)

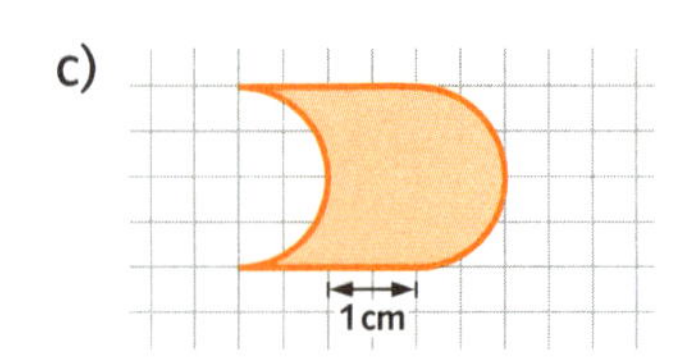

d)

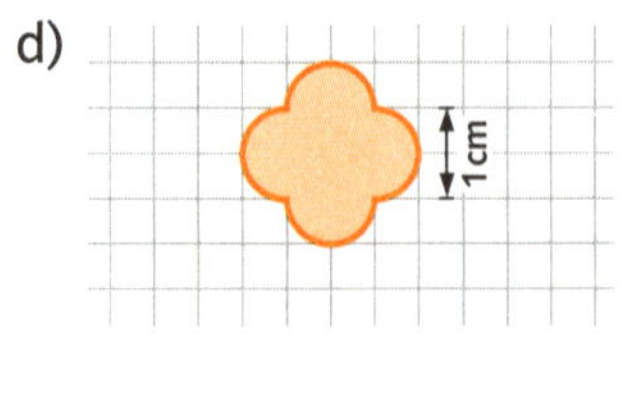

6 [●] Berechne jeweils den Flächeninhalt des Kreisrings. Runde sinnvoll.

a)

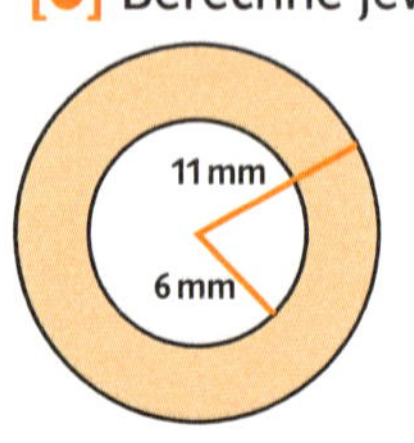

A_R =

≈

b) $r_1 = 35{,}2\ m$; $r_2 = 27{,}5\ m$

A_R =

≈

c)

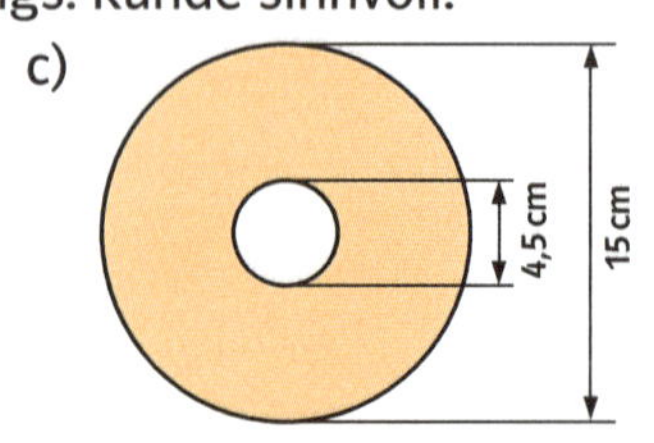

A_R =

≈

d) $d_1 = 18{,}4\ dm$; $d_2 = 16{,}4\ dm$

A_R =

≈

1 Der Kreisausschnitt eines Kreises mit dem Radius $r = 7{,}8\,cm$ hat den Mittelpunktswinkel $\alpha = 90°$.

a) Berechne den Flächeninhalt des Kreisausschnittes.

$A_S =$ ....

b) Berechne den Kreisbogen des Kreisausschnittes.

$b =$ ....

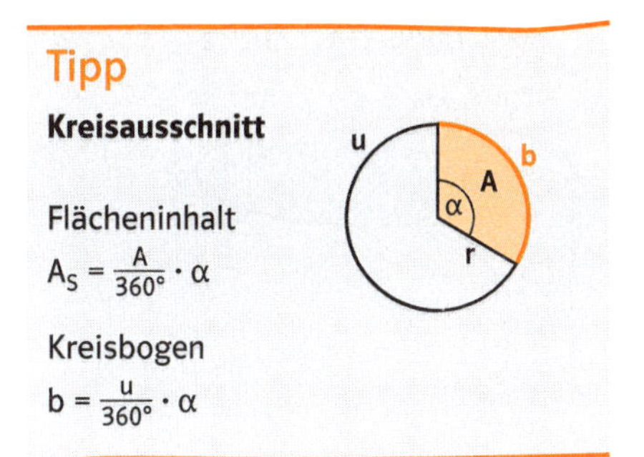

Tipp

Kreisausschnitt

Flächeninhalt

$A_S = \frac{A}{360°} \cdot \alpha$

Kreisbogen

$b = \frac{u}{360°} \cdot \alpha$

2 Berechne jeweils die gesuchte Größe des Kreisausschnittes. Runde sinnvoll.

a) $r = 5{,}6\,cm$; $a = 60°$

$A_S =$ ....
$=$ ....
$\approx$ ....

b) $r = 4{,}9\,mm$; $a = 38°$

$b =$ ....
$=$ ....
$\approx$ ....

c) [●] $A_S = 710\,m^2$; $b = 50\,m$

$r =$ ....
$=$ ....
$=$ ....

d) [●] $r = 30{,}5\,cm$; $b = 40\,cm$

$\alpha =$ ....
$=$ ....
$\approx$ ....

3 Berechne jeweils den Flächeninhalt der farbigen Figuren.

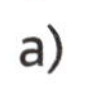

a)

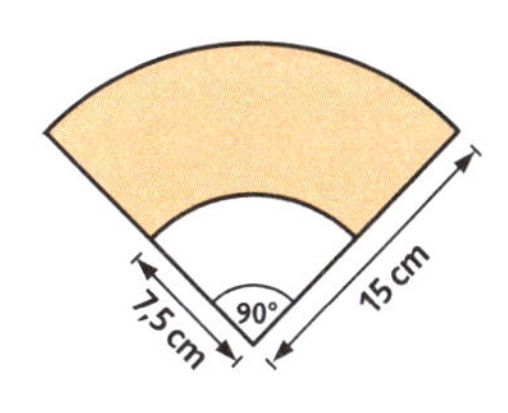

b)

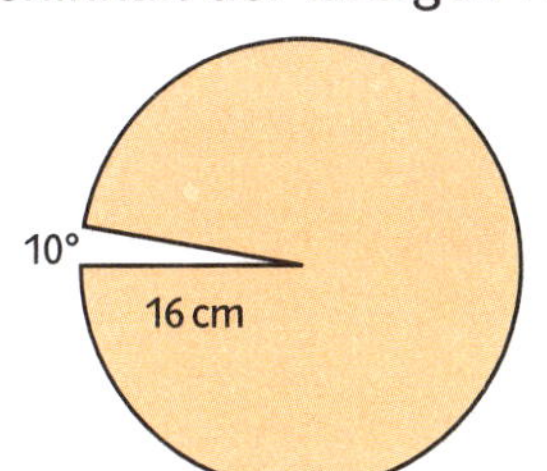

c) [●]

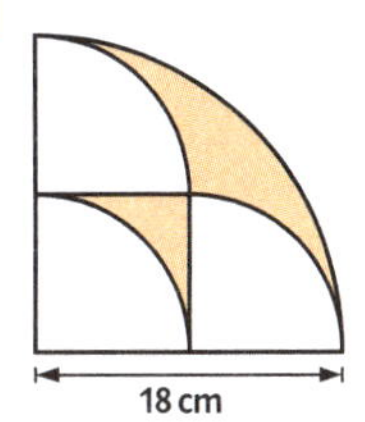

d) [●●]

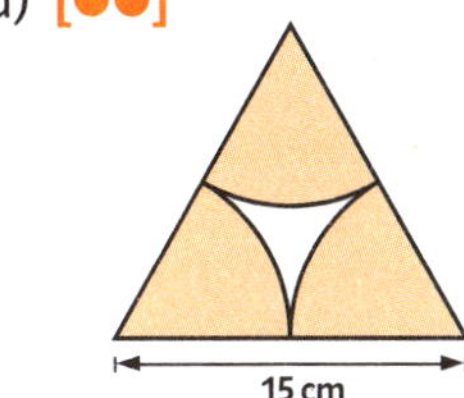

4 Berechne den Oberflächeninhalt des Kegels.

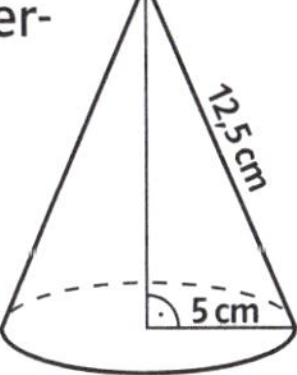

$O = G + M$

1) $G = \pi \cdot r^2$ ....
$\approx$ ....

2) $M = \pi \cdot r \cdot s$ ....
$=$ ....
$\approx$ ....

3) $O = G + M$ ....
$\approx$ ....

5 Berechne den Oberflächeninhalt des Kegels.

a)

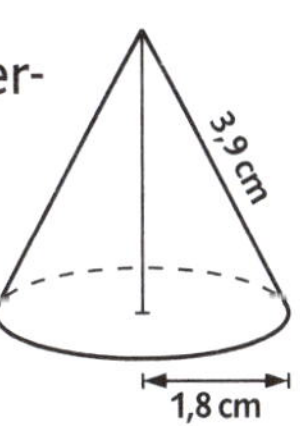

....

b) [●]

21,5 cm
9,5 cm

....

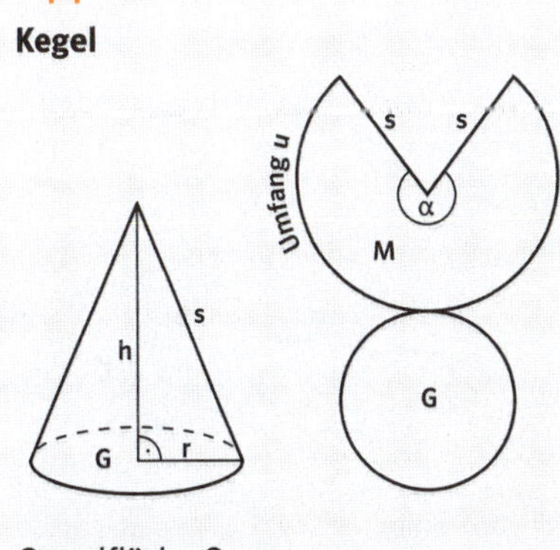

Tipp

Kegel

Grundfläche G
Mantelfläche M

Oberfläche
$O = G + M$

Mantelfläche
$M = \pi \cdot r \cdot s$

Oberfläche des Zylinders

1 [✓] Berechne die Oberfläche des Zylinders.

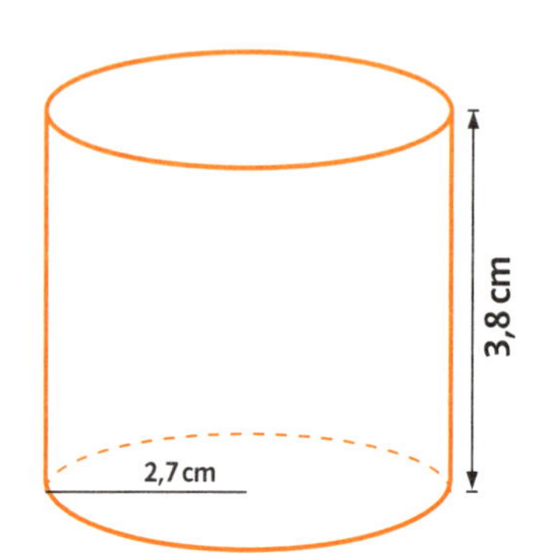

$O = 2 \cdot G + M$

1) $G = \pi \cdot r^2$

....

$\approx$ ....

2) $M = 2 \cdot \pi \cdot r \cdot h$

....

$=$ ....

$\approx$ ....

3) $O = 2 \cdot G + M$

....

$\approx$ ....

Tipp

Zylinder

Grundfläche G
Mantelfläche M

Oberfläche $O = 2 \cdot G + M$

Mantelfläche $M = 2 \cdot \pi \cdot r \cdot h$

2 [✓] Berechne die Oberflächen der Zylinder.
Gehe vor wie in Aufgabe 1.

a) r = 15 cm; h = 7,8 cm

b) d = 49,4 mm; h = 31,6 mm

....

....

....

Ergebnisse (ohne Einheiten) **Achtung:** Du erhältst leichte Abweichungen beim Rechnen mit $\pi = 3,14$.

22,9; 64,5; 110,2; 8737,5; 2147,8

3 Berechne die fehlenden Größen des Zylinders.

	r	h	G	M	O
a)	5,4 cm	7 cm			
b)	9,1 m	3,8 m			
c)		2,9 mm	69,4 mm²		
d)		4,6 dm		237 dm²	
e)	6,3 cm				451,3 cm²
f)				32 m²	46,2 m²

4

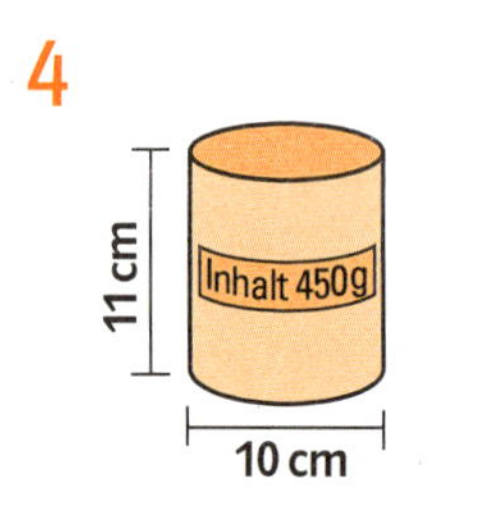

Wie viel cm² Blech werden für die Konservendose benötigt (ohne Verschnitt)?

....

5 [●]

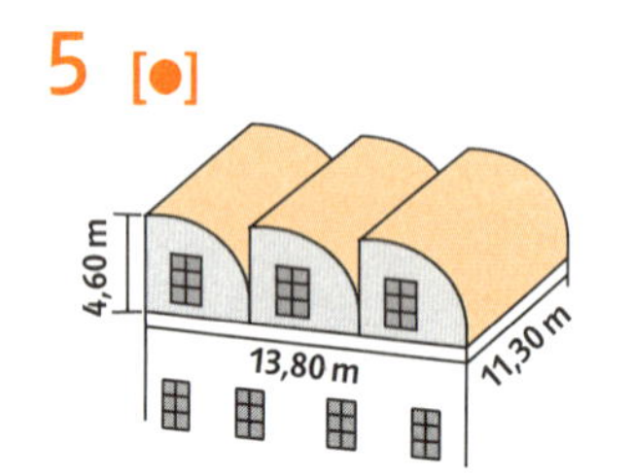

Berechne die Gesamtgröße der gewölbten Dachfläche.

....

6 [●●]

40 cm

60 cm

Calvin möchte ein Sitzkissen nähen.

a) Berechne den Stoffbedarf ohne Verschnitt.

....

b) Calvin rechnet 20 % für Nahtzugaben und Verschnitt dazu.

....

c) Calvin sucht sich einen Polsterstoff in 1,40 m Breite aus.
Wie viel m Stoff sollte er mindestens kaufen?

....

 ▷ Schülerbuch, E-Kurs Seite 144, G-Kurs Seite 112

1 Berechne das Volumen des Zylinders.

a)

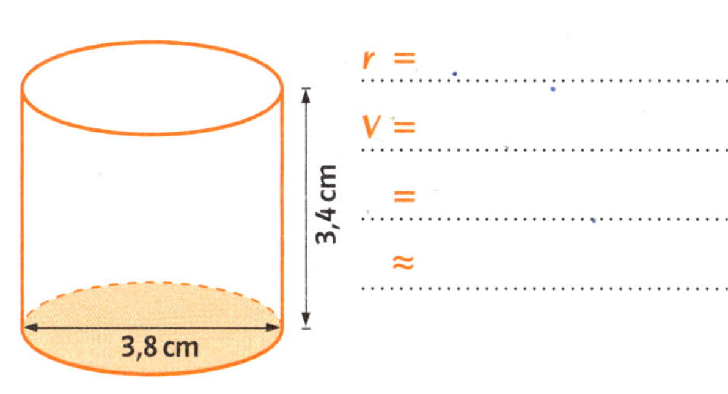

r =
V =
=
≈

b) r = 6,5 cm; h = 7 cm

V =
=
≈

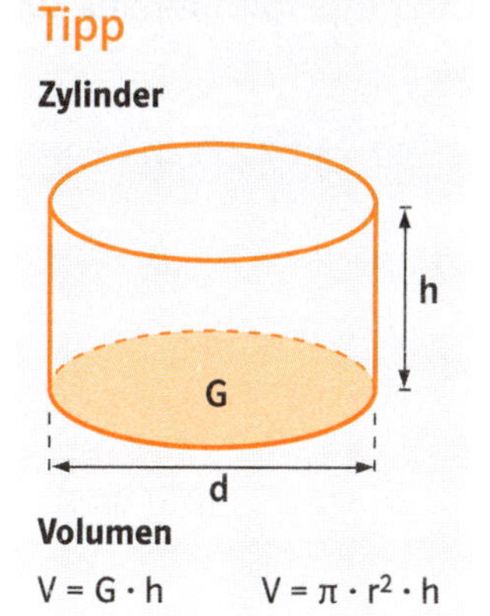

2 [✓] Berechne jeweils das Volumen der Zylinder. Gehe vor wie in Aufgabe 1.

a) r = 45 cm; h = 23,5 cm

b) r = 28,4 cm; h = 37,2 cm

c) d = 47,8 mm; h = 31,2 cm

d) r = 17,4 cm; h = 78,3 cm

3 Berechne die fehlenden Größen der Zylinder.

	r	h	G	O	V
a)	6,2 cm	9,1 cm			
b)	3,7 m	14,5 m			
c)	4,2 mm		55,4 mm²		459,8 mm³
d)	9,7 dm		295,6 dm²	743,6 dm²	
e)		11,1 cm			5449 cm³
f)			91,6 dm²		659,5 dm³
g)		6,4 m	206,1 m²		
h)	1,6 mm		8 mm²		31,2 mm³

Ergebnisse (ohne Einheiten)

Achtung: Du erhältst leichte Abweichungen beim Rechnen mit $\pi = 3{,}14$.

74474,9; 559,9; 149500,5; 94260,5

4 Kann diese Regentonne 250 l Wasser aufnehmen?

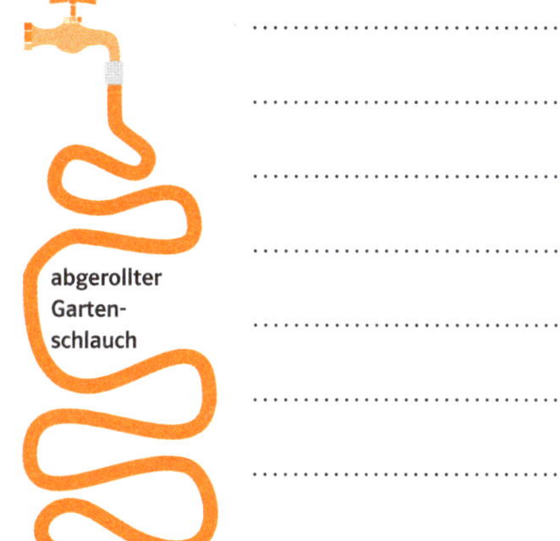

5 Wie viel Liter Wasser sind in dem 50 m langen Gartenschlauch?

6 a) Berechne das Volumen des Öltanks.

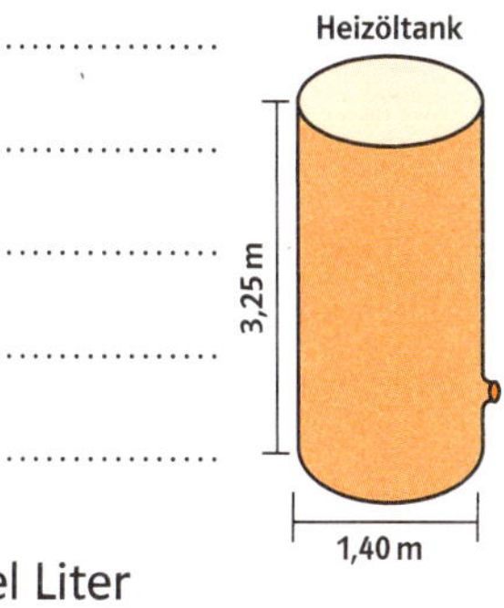

b) Wie viel Liter fasst der Tank?

Überlege mithilfe des Lernrückblicks, ob du alles verstanden hast.

1 a) Mit Kreisen kenne ich mich aus, denn ....

....

....

....

b) Beispiele dafür sind

2 a) Ich kann die Oberfläche eines Zylinders skizzieren und den Flächeninhalt berechnen, z. B.

b) Ich weiß, wie das Volumen des Zylinders berechnet wird: ....
Beispiel:

3 Ich kann die Oberfläche eines Kegels skizzieren und den Flächeninhalt berechnen, z. B.

4 Entscheide dich.

☐ Ich fühle mich fit im Bereich „Kreise und Kreiskörper" und mache den Test auf der nächsten Seite.

☐ Bevor ich den Test mache, übe ich erst noch Folgendes: ....

....

▻ Schülerbuch, E-Kurs Seite 127 bis 148, G-Kurs Seite 101 bis 118

[einfach]

1 Berechne den Umfang eines Kreises mit dem Radius r = 9 cm.

u = ...

....

....

2 Berechne den Flächeninhalt eines Kreises mit dem Radius r = 1,50 m.

A = ...

....

....

3 Berechne den Flächeninhalt des Kreisringes.
r_1 = 10,6 cm;
r_2 = 8,2 cm

r_2
r_1

....

....

....

4 Berechne die Oberfläche eines Zylinders mit G = 42 cm^2 und M = 385 cm^2.

....

....

....

5 Berechne das Volumen des Zylinders.

32 cm
18 cm

....

....

....

....

[mittel]

1 Berechne den Umfang der Figur.

10 cm

....

....

....

2 Ein Kreis hat einen Flächeninhalt von 2,55 m^2. Berechne den Durchmesser.

d = ...

....

....

3 Berechne die Bogenlänge b des Kreisausschnittes.

r = 3,50 m
α = 55°
b

....

....

....

4 Berechne den Oberflächeninhalt des Zylinders.

2,5 cm
1,7 cm

....

....

....

5 Berechne das Volumen eines 7 cm hohen Bechers mit einem Durchmesser von 6,5 cm.

....

....

....

....

[schwieriger]

1 Berechne den Umfang der Figur.

5 cm

....

....

....

2 Aus einem quadratischen Blech mit der Seitenlänge 32 cm soll eine möglichst große Kreisscheibe geschnitten werden. Berechne ihren Flächeninhalt.

....

....

3 Berechne den Radius r eines Kreisausschnittes mit dem Mittelpunktswinkel α = 75° und der Bogenlänge b = 88,3 cm.

....

....

....

4 Berechne den Oberflächeninhalt des Kegels.

7,5 cm
4,2 cm

....

....

....

5 Wie groß ist das Volumen eines 4 m langen Abflussrohres mit einem Durchmesser von 15 cm?
Skizze:

....

....

....

....

7 Große und kleine Zahlen*

1 Vergleiche.

Beispiel: $3 + 3 + 3 + 3 = 4 \cdot 3 = 12$
$3 \cdot 3 \cdot 3 \cdot 3 = 3^4 = 81$

a) $5 + 5 + 5 + 5 + 5$ = ………… = …………
$5 \cdot 5 \cdot 5 \cdot 5 \cdot 5$ = ………… = …………

b) $11 + 11 + 11$ = ………… = …………
$11 \cdot 11 \cdot 11$ = ………… = …………

c) $0{,}5 + 0{,}5 + 0{,}5 + 0{,}5$ = ………… = …………
$0{,}5 \cdot 0{,}5 \cdot 0{,}5 \cdot 0{,}5$ = ………… = …………

2 Schreibe als Potenz und berechne im Kopf.

a) $3 \cdot 3 \cdot 3 \cdot 3 \cdot 3$ = ………… = …………
b) $1 \cdot 1 \cdot 1 \cdot 1 \cdot 1 \cdot 1$ = ………… = …………
c) $0{,}4 \cdot 0{,}4 \cdot 0{,}4$ = ………… = …………
d) $10 \cdot 10 \cdot 10 \cdot 10 \cdot 10$ = ………… = …………
e) $0{,}1 \cdot 0{,}1 \cdot 0{,}1 \cdot 0{,}1 \cdot 0{,}1$ = ………… = …………

3 Schreibe als Produkt aus gleichen Faktoren und berechne im Kopf.

a) 6^4 = ………… = …………
b) 9^3 = ………… = …………
c) 10^6 = ………… = …………
d) $0{,}2^4$ = ………… = …………
e) 20^5 = ………… = …………

4 Vergleiche, setze $<$; $>$ oder $=$ ein.

a) 2^3 ☐ 3^2 b) 5^3 ☐ 3^5
c) 2^1 ☐ 1^2 d) 2^4 ☐ 4^2
e) 8^0 ☐ 0^8 f) 10^2 ☐ 2^{10}
g) 1^5 ☐ 5^1 h) 6^2 ☐ 2^6

5 Schreibe die Zahlen auf verschiedene Arten als Potenz.

Beispiel: $64 = 8^2 = 4^3 = 2^6$

a) 256 = ………… b) 625 = …………
c) 14 641 = ………… d) 729 = …………

6 Setze die passende Zahl in das leere Feld.

a) $☐^3 = 64$ b) $2^{☐} = 16$
c) $3^5 = ☐$ d) $0{,}5^{☐} = 0{,}125$
e) $☐^4 = 0{,}0001$ f) $\left(\frac{1}{2}\right)^3 = ☐$
g) $10^{☐} = 1\,000\,000$ h) $100^3 = ☐$

7 [Taschenrechner] Berechne mit dem Taschenrechner.

a) 16^5 = ………… b) 12^4 = …………
c) $33{,}4^3$ = ………… d) $18{,}25^5$ = …………
e) $0{,}66^6$ = ………… f) $0{,}12^4$ = …………
g) $\left(\frac{1}{2}\right)^5$ = ………… h) $\left(\frac{2}{5}\right)^3$ = …………

8 [●] Zerlege die Zahlen in geeignete Faktoren und Potenzen.

Beispiel: $6400 = 64 \cdot 100 = 8^2 \cdot 10^2$

a) 72 = ………… = …………
b) 324 = ………… = …………
c) 1 250 000 = ………… = …………
d) 2 700 000 = ………… = …………
e) 0,000 081 = ………… = …………

9 Ein Wildkaninchen bekommt durchschnittlich 8 Junge pro Jahr.
Wie viele Tiere werden dann nach 3 (nach 5) Jahren insgesamt geboren, wenn diese Jungen im nächsten Jahr ebenso viele Junge bekommen?

nach 3 Jahren: …………………………
…………………………………………

nach 5 Jahren: …………………………
…………………………………………

1 Schreibe in Zehnerpotenzschreibweise.

a) 100 000 = ...

b) 10 000 000 000 = ...

c) 40 000 = ...

d) 25 000 000 = ...

e) 184 000 000 000 = ...

2 Schreibe ohne Zehnerpotenz.

a) $9 \cdot 10^5$ = ...

b) $27 \cdot 10^7$ = ...

c) $319 \cdot 10^6$ = ...

d) $6{,}4 \cdot 10^4$ = ...

e) $0{,}356 \cdot 10^8$ = ...

3 Schreibe in wissenschaftlicher Notation.

a) $300 \cdot 10^6$ = ...

b) $478 \cdot 10^5$ = ...

c) $56{,}9 \cdot 10^4$ = ...

d) $33{,}66 \cdot 10^7$ = ...

e) $8473 \cdot 10^8$ = ...

4 [● 🖩] Berechne und schreibe in wissenschaftlicher Notation.

a) $8{,}9^3$ = ... = ...

b) $17{,}4^7$ = ... = ...

c) $4{,}4^{10}$ = ... = ...

d) $29{,}8 \cdot 92{,}8$ = ... = ...

e) $209{,}6 \cdot 711{,}1$ = ... = ...

5 **Weißt du, wie viel Sternlein stehen, dort am weiten Himmelszelt?**
Du weißt es nicht? Aber ein australisches Astronomenteam hat sie gezählt und behauptet: „Im Universum gibt es zehnmal so viele Sterne wie Sandkörner an sämtlichen Stränden und in allen Wüsten der Erde."

Gezählt haben sie 70 Trilliarden Sterne, die wir mit dem Auge oder Teleskop erfassen können. 70 Trilliarden (1 Trilliarde = 1 000 000 000 Billionen), kannst du diese Zahl schreiben?

....

....

Und wie steht es mit der Anzahl der Sandkörner auf der Erde? Gibt es mehr oder weniger? Versuche es selbst herauszufinden. Hier ein paar Tipps und Fakten zur Hilfe:

- Ein 10-l-Eimer fasst etwa 35 Mio. Sandkörner (1 Sandkorn misst 0,1 Kubikmillimeter). ....
- In einen Kubikmeter passen 100 Eimer. ....
- Die Wüsten und Strände der Erdoberfläche machen ca. 25,5 Mio. Quadratkilometer aus. ....

....
- Nimm an, dass der Sand durchschnittlich 1 m tief liegt (es ist gewiss viel mehr). ....

Na? Was hast du herausgefunden? ....

....

Zehnerpotenzen – Kleine Zahlen

1 Schreibe in wissenschaftlicher Notation.

a) 0,38 = ... b) 0,125 = ...

c) 0,04 = ... d) 0,002 = ...

e) 0,10026 = ... f) 0,0102 = ...

g) 0,000 026 = ... h) 0,002 22 = ...

2 Schreibe als Dezimalzahl.

a) $5 \cdot 10^{-4}$ = ...

b) $2,7 \cdot 10^{-6}$ = ...

c) $8,763 \cdot 10^{-5}$ = ...

d) $0,065 \cdot 10^{-3}$ = ...

3 [●] Schreibe die Taschenrechneranzeigen in wissenschaftlicher Notation und als Dezimalzahl.

a) 0.251 -12 = ... = ...

b) 2438.6 -09 = ... = ...

c) 9.844 -08 = ... = ...

d) 419.37 -10 = ... = ...

4 Gib die Größenangaben in wissenschaftlicher Notation an.

a) menschliche Eizelle **0,0001 m** ....

b) Größe eines Darmbakteriums **0,000 003 m** ....

c) Durchmesser eines Glühlampenfadens **0,000 008 m** ....

d) Größe von Pockenviren **240 nm** ....

e) Größe eines Blutkörperchens **8 µm** ....

f) Kantenlänge eines Kristallwürfels **3 nm** ....

5 [● ▦] Das kleine Kugelvirus misst nur 0,000 02 Millimeter.

a) Gib seine Größe in Mikrometer (µm) und Nanometer (nm) an.

0,000 02 mm = ... µm = ... nm

b) Schreibe seine Größe auch in wissenschaftlicher Notation in Meter:

.... m

c) Wie oft wurde das Virus in der Abbildung vergrößert?

.... -mal

6 [● ▦] Kopfhaare wachsen durchschnittlich $3 \cdot 10^{-9}\ \frac{m}{s}$.

a) Wie viel cm wächst dann ein Kopfhaar in einem Monat (30,5 Tage)?

....

b) Wie viel Meter Wachstum wären das in einem Jahr bei ca. 120 000 Haaren auf dem Kopf?

....

....

▻ Schülerbuch, E-Kurs Seite 158 bis 159

Überlege mithilfe des Lernrückblicks, ob du alles verstanden hast.

1 a) Ich weiß, was eine Potenz ist:

....

....

....

b) Zum Berechnen von Potenzen gibt es auf meinem Taschenrechner folgende Tasten:

....

....

Beispielaufgabe: .... Tastenfolge: ....

2 a) Damit große Zahlen übersichtlicher werden, kann ich ....

....

....

z. B: ....

b) Um kleine Zahlen übersichtlicher zu schreiben, kann ich ....

....

....

z. B: ....

3 a) Wenn ich große (bzw. kleine) Zahlen in *wissenschaftlicher Notation* schreibe, dann

....

....

....

b) Mein Taschenrechner zeigt Zahlen in *wissenschaftlicher Notation* z. B. so an:

....

In „normaler“ Schreibweise heißt diese Zahl: ....

4 Entscheide dich.

☐ Ich fühle mich fit im Bereich „Große und kleine Zahlen“ und mache den Test auf der nächsten Seite.

☐ Bevor ich den Test mache, übe ich erst noch Folgendes: ....

....

[einfach]

1 Schreibe als Potenz und berechne.

a) $3 \cdot 3 \cdot 3$ = ... = ...

b) $2 \cdot 2 \cdot 2 \cdot 2 \cdot 2$ = ... = ...

c) $10 \cdot 10 \cdot 10 \cdot 10$ = ... = ...

d) $0{,}5 \cdot 0{,}5 \cdot 0{,}5$ = ... = ...

2 Vergleiche, setze <; > oder = ein.

a) 4^3 □ 3^4

b) 7^2 □ 2^7

c) 10^1 □ 1^{10}

d) 1^6 □ 6^1

3 Schreibe als Zehnerpotenz.

a) 1 000 000 = ...

b) 50 000 = ...

c) 3600 = ...

d) 13 200 000 = ...

4 Schreibe als Dezimalzahl.

a) $6 \cdot 10^5$ = ...

b) $3{,}2 \cdot 10^7$ = ...

c) $8 \cdot 10^{-4}$ = ...

d) $2{,}5 \cdot 10^{-6}$ = ...

5 Eine Ratte bekommt durchschnittlich 12 Junge im Jahr. Wie viele Ratten gibt es nach 4 Jahren, wenn jedes dieser Jungen ebenfalls 12 Junge bekommt?

....

....

....

[mittel]

1 Berechne den Potenzwert.

a) 5^3 = ...

b) 12^2 = ...

c) 10^5 = ...

d) $0{,}3^4$ = ...

2 Setze die passende Zahl in das leere Feld.

a) $□^3 = 125$

b) $14^{□} = 196$

c) 20^3 = □

d) $25^{□} = 15\,625$

3 Schreibe in wissenschaftlicher Notation.

a) 18 000 000 = ...

b) 327 500 = ...

c) 76 648,344 = ...

d) 111 111 111 = ...

4 Schreibe in wissenschaftlicher Notation.

a) 0,0001 = ...

b) 0,0032 = ...

c) 0,013 84 = ...

d) 0,000 101 = ...

5 Wie viele Schnupfen-Viren mit einer Breite von 0,02 µm passen nebeneinander in einen 2 mm breiten Wassertropfen?

....

....

....

[schwieriger]

1 Berechne den Potenzwert.

a) 6^4 = ...

b) 15^3 = ...

c) $1{,}4^5$ = ...

d) $12{,}25^6$ = ...

2 Setze die passende Zahl in das leere Feld.

a) $□^4 = 1296$

b) $12^{□} = 1728$

c) 24^4 = □

d) $11^{□} = 161\,051$

3 Schreibe in wissenschaftlicher Notation.

a) 36 000 000 = ...

b) 87756,25 = ...

c) 0,000 625 = ...

d) 0,000 030 3 = ...

4 Schreibe in wissenschaftlicher Notation.

a) $7{,}6^5$ = ...

b) $21{,}3^4$ = ...

c) $3{,}3^8$ = ...

d) $250 \cdot 110$ = ...

5 Die Erde hat eine Masse von $5{,}977 \cdot 10^{21}$ t. Der Mond hat eine Masse von $7{,}35 \cdot 10^{19}$ t. Wie viel mal ist die Erde schwerer als der Mond?

....

....

....

Prüfe anhand der Lösungen in der Beilage.

Viele Unternehmen nutzen Eignungstests um herauszufinden, ob und inwieweit du über die notwendigen Voraussetzungen für deinen erstrebten Beruf verfügst. Diese Tests setzen sich meist aus drei Teilen zusammen: Im Intelligenztest geht es um Fähigkeiten wie Auffassungsgabe, Sprachverständnis, logisches Denken, räumliches Vorstellungsvermögen usw. Beim Leistungstest soll durch Aufgaben zu Konzentration und Ausdauer herausgefunden werden, ob der Bewerber den Leistungsanforderungen gerecht werden kann. Der Persönlichkeitstest gibt Auskunft über sogenannte „soft skills" wie z.B. Teamfähigkeit, Durchsetzungsvermögen usw. Obwohl die Ergebnisse oft nur einen kleinen Ausschnitt des Leistungsvermögens zeigen, entscheiden sie vielfach darüber, ob eine Bewerbung erfolgreich ist oder nicht.

Mathematische Aufgaben in Eignungstests können je nach Unternehmen vollkommen unterschiedlich aussehen. Auf den folgenden Seiten kannst du an einigen Beispielaufgaben üben. Grundsätzlich gilt:
- Beginne ohne Hektik. Konzentriere dich auf die Aufgaben und versuche trotz Zeitdruck ruhig zu bleiben – auch wenn du nervös bist.
- Lies dir jede Aufgabe sorgfältig durch, damit du sicher bist, dass du alles richtig verstanden hast.
- Gib nicht sofort auf, wenn du bei einer Aufgabe Schwierigkeiten hast. Beiße dich aber auch nicht zu lange an einem Problem fest, wechsle dann lieber zur nächsten Aufgabe.
- Bei manchen Aufgaben kann dir eine Skizze, ein Schaubild oder eine Tabelle weiterhelfen.
- Überprüfe deine Ergebnisse und überlege, ob sie sinnvoll sind.

Rechnungen mit Auswahlantworten (I)

Kreuze jeweils die richtige Antwort an.

1 Ein Radfahrer fährt eine 15 km lange Strecke in einer Stunde.
Wie viele Stunden benötigt er für 45 km?

☐ 2 ☐ 3 ☐ 4 ☐ 5

2 Sechs Schrauben kosten 0,96 €.
Wie viel kosten 25 Schrauben?

☐ 3,– € ☐ 4,– € ☐ 5,– € ☐ 6,– €

3 $4\frac{1}{2}$ m Stoff kosten 54 €.
Wie viel kosten 7 m?

☐ 42,– € ☐ 84,– € ☐ 90,– € ☐ 105,– €

4 $2\frac{1}{2}$ l Farbe kosten 22,50 €.
Wie viel bekommt man für 135,00 €?

☐ 6 ☐ 9 ☐ 10 ☐ 15

5 Ein Zug fährt um 10.45 Uhr in Duisburg ab. Nach $3\frac{1}{2}$ Stunden soll er in Stuttgart sein.
Wann kommt er in Stuttgart an, wenn er 40 Minuten Verspätung hat?

☐ 14.15 ☐ 14.45 ☐ 14.55 ☐ 15.00

6 In 9 Stunden werden in einer Fabrik 234 Motoren produziert.
Wie viele sind es in einer halben Stunde?

☐ 12 ☐ 13 ☐ 18 ☐ 26

7 Die 12 Hunde in einem Tierheim kommen mit einem Futtervorrat 60 Tage aus.
Für wie viele Tage würde der Vorrat reichen, wenn noch 3 Hunde dazu kämen?

☐ 25 ☐ 34 ☐ 48 ☐ 75

8 Eine Tasche kostet 150 € zuzüglich 19 % Mehrwertsteuer. Das sind

☐ 165 € ☐ 178 € ☐ 178,50 € ☐ 180 €

9 Von einem 3 Meter langen Rohr werden $\frac{5}{6}$ abgeschnitten. Wie lang ist das restliche Stück Rohr?

☐ 0,50 m ☐ 0,60 m ☐ 2,40 m ☐ 2,50 m

10 Ein $1\frac{3}{4}$ m breites Blech wird in 20 cm breite Streifen geschnitten.
Wie viele solcher Streifen ergibt das?

☐ 7 ☐ 8 ☐ 9 ☐ 10

Rechnungen mit Auswahlantworten (II)
Kreuze jeweils die richtige Antwort an.

1 Der Preis für 1 kg Tomaten wurde von 3 € pro kg auf 2,40 € pro kg heruntergesetzt. Wie viel Prozent Preisnachlass sind das?

☐ 20 % ☐ 30 % ☐ 70 % ☐ 80 %

2 Bei einem Räumungsverkauf wird alles auf 60 % reduziert. Ein Fernseher kostet 690 €. Wie viel kostete er vorher?

☐ 276 € ☐ 414 € ☐ 1150 € ☐ 1725 €

3 Für 4000 € zahlt eine Bank in 3 Monaten 100 € Zinsen. Wie hoch ist der Zinssatz im Jahr?

☐ 2,5 % ☐ 7,5 % ☐ 10 % ☐ 25 %

4 Schätze, wie viele m³ ein Silo mit rechteckiger Grundfläche (12 m × 10 m) und einer Höhe von 25 m aufnehmen kann.

☐ 300 m^3 ☐ 1500 m^3 ☐ 3000 m^3 ☐ 6000 m^3

5 Eine Regentonne hat einen Durchmesser von 60 cm und eine Höhe von 1,20 m. Überschlage, wie viel Wasser sie auffangen kann.

☐ 80 l ☐ 180 l ☐ 340 l ☐ 500 l

6 Ein Glaspavillion hat als Grundfläche die Form eines regelmäßigen Sechsecks mit einer Seitenlänge von 4 m. Schätze den Flächeninhalt der Glasflächen mit einer Höhe von 6 m.

☐ 30 m^2 ☐ 70 m^2
☐ 100 m^2 ☐ 120 m^2

7 Auf einem Fußballfeld mit den Maßen 70 m × 100 m liegt 20 cm hoch Neuschnee. Überschlage, wie viel m^3 das sind.

☐ 1400 m^3 ☐ 900 m^3 ☐ 250 m^3 ☐ 60 m^3

Zahlenreihen ergänzen

1 Welche Zahlen setzen die Zahlenreihen logisch fort? Ergänze.

a) 3	6	9	12	15	....	....
b) 1	2	4	8	16	....	....
c) 1	3	6	10	15	....	....
d) 30	26	22	18	14	....	....
e) 30	29	27	24	20	....	....
f) 30	26	31	27	32	....	....
g) 5	4	7	6	9	....	....
h) 4	6	12	14	28	....	....

2 In dieser Aufgabe werden Zahlenreihen als „Zahlenräder“ verpackt. Finde heraus, welche Zahlen in die freien Felder gehören.

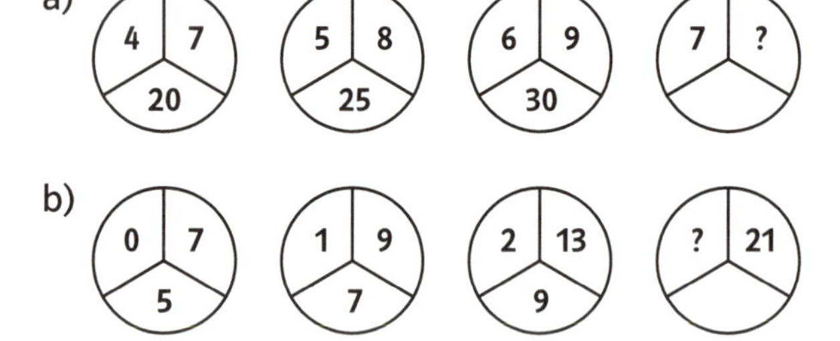

Gleiches und Ungleiches erkennen

1 Welches Kästchen passt nicht zu den anderen? Streiche es durch.

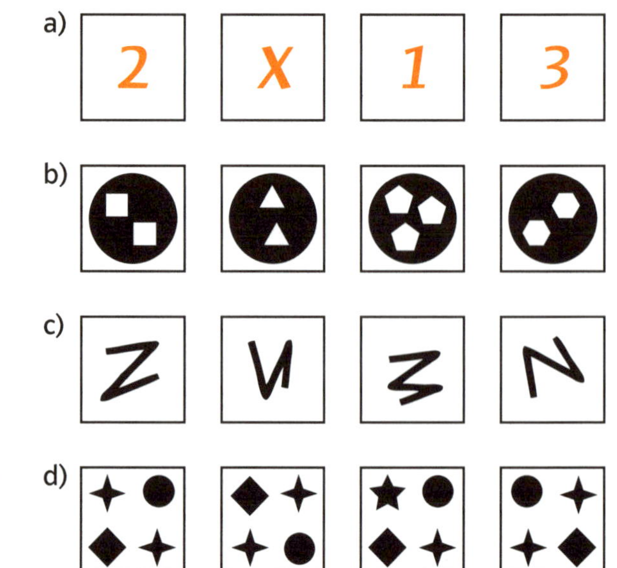

Schätzen

1 Wenn unübersichtlich wirkende Mengen geschätzt werden sollen, so kann man einen geeigneten Ausschnitt wählen und die Menge darin multiplizieren, z. B.:

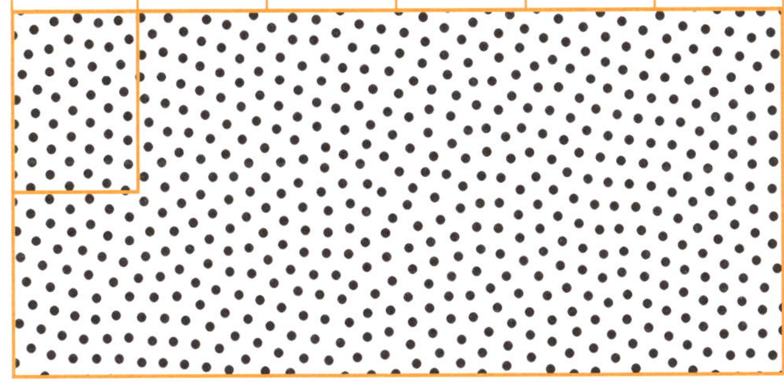

Der Ausschnitt enthält .... Punkte.

Überschlag: 12 · .... Punkte = ... Punkte.

Es sind also ungefähr .... Punkte.

2 Schätze, wie viele Menschen sich auf dem Foto befinden. .... Menschen

3 Schätze die Anzahl der Bonbons in den einzelnen Behältern.

4 Kreuze jeweils die richtige Antwort an.

a) Schätze das ungefähre Gewicht
- einer Meise:

☐ 1000 g ☐ 100 g ☐ 10 g

- eines Pferdes

☐ 750 kg ☐ 75 kg ☐ 7,5 kg

- einer Katze

☐ 5000 g ☐ 500 g ☐ 50 g

b) Wie schnell ungefähr ist
- ein Fußgänger

☐ 5 km/h ☐ 50 km/h ☐ 500 km/h

- ein Feldhase

☐ 7 km/h ☐ 70 km/h ☐ 700 km/h

- eine Schwalbe

☐ 2,2 km/h ☐ 22 km/h ☐ 220 km/h

c) Schätze ungefähr ab:
- Wie hoch ist eine Giraffe?

☐ 58 m ☐ 5,8 m ☐ 0,58 m

- Wie groß ist ein Gorilla?

☐ 17,5 m ☐ 1,75 m ☐ 0,75 m

- Wie lang ist ein Marienkäfer?

☐ 500 mm ☐ 50 mm ☐ 5 mm

5 Hier sollen sinnvolle Größeneinschätzungen genannt werden.

a) Wie lang könnte ein Fuß der Statue sein?

....

b) Wie groß ist die Statue ungefähr?

....

Flächen und Körper

1 Wie viele Flächen besitzt der Körper?

a)

.... Flächen

b)

.... Flächen

c)

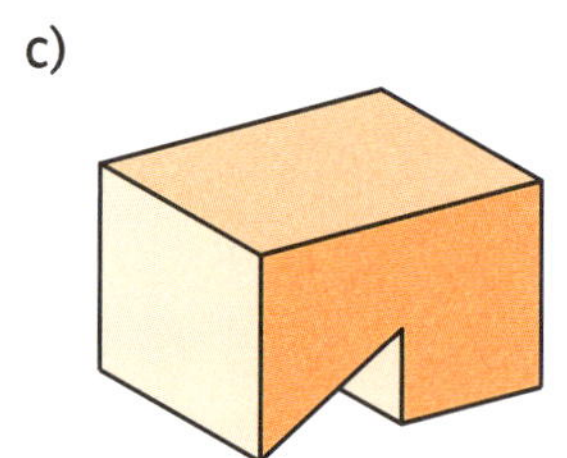

.... Flächen

d)

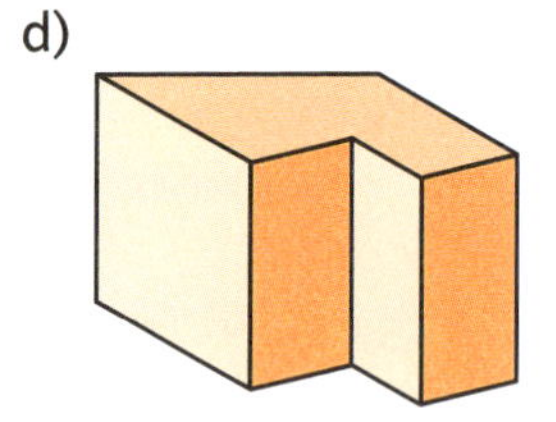

.... Flächen

2 Zu welcher Figur gehört das Netz? Kreuze die richtige Antwort an.

a)

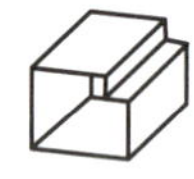
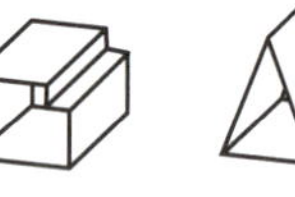

b)

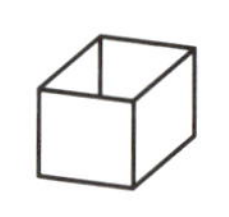

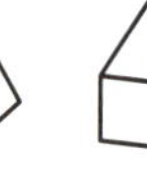
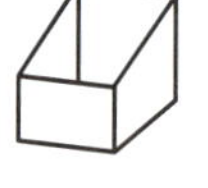

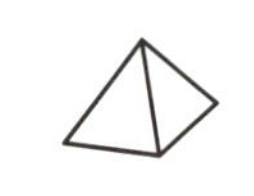
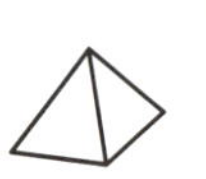
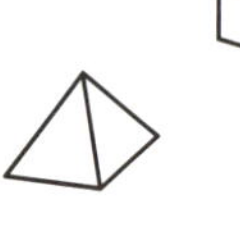
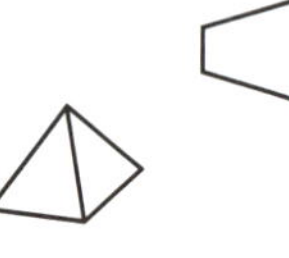
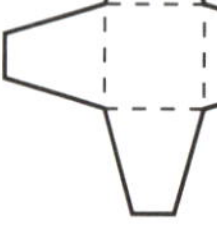
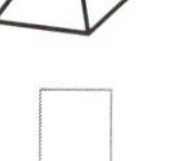
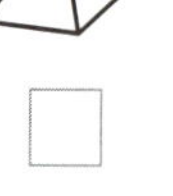

c)

d)

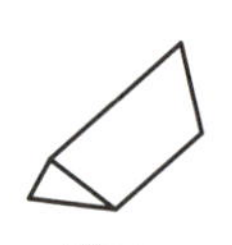
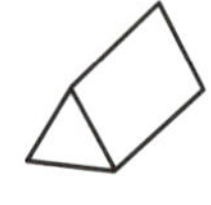
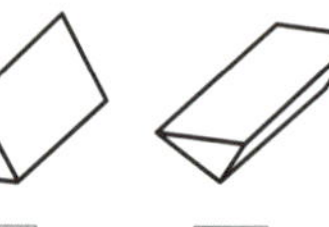
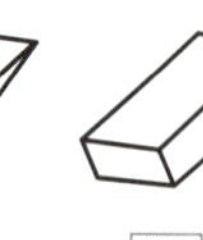
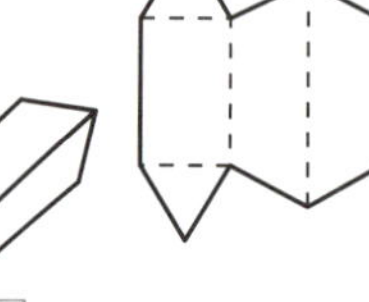

3 Welche Körper können zu einem großen Würfel zusammengesetzt werden?

a)

b)

c)

d)

e)

f)

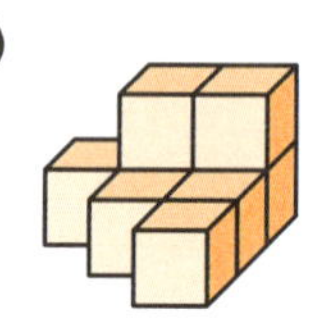

.... und .... ; .... und .... ; .... und ....

4 Die Ansichten gehören zu demselben Würfel. Welcher Buchstabe liegt gegenüber von H?

a)

....

b)

....

5 Sortiere die Würfel nach ihrem Gewicht vom schwersten bis zum leichtesten.

① 

② 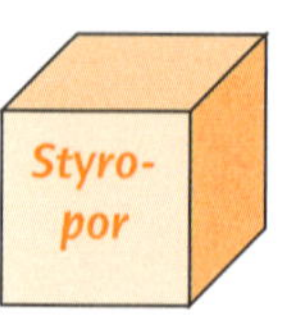

③ 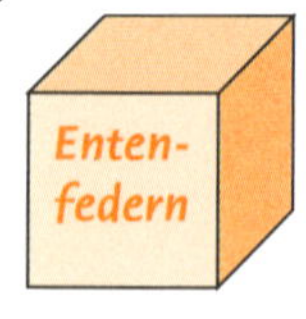

④ 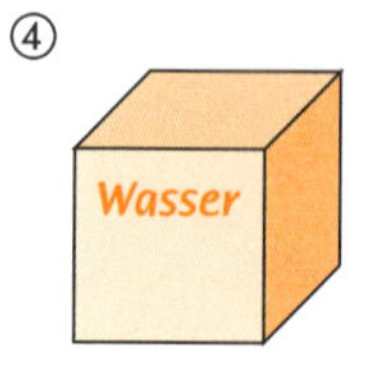

⑤ 

⑥ 

< < < < <

....

▻ Schülerbuch, G-Kurs Seite 23 bis 28

1 Welche Zahlen könnten zu den Buchstaben A bis C passen?

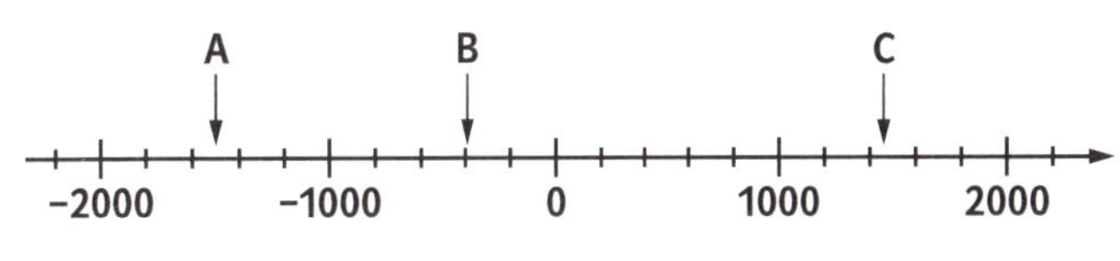

2 Schreibe die richtigen Zahlen an die Pfeile.

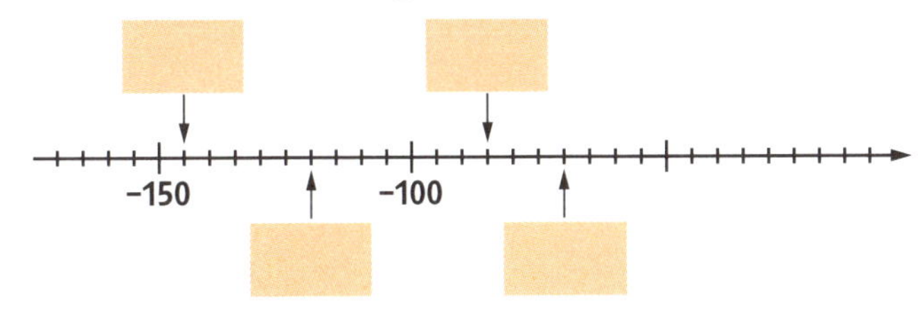

3 Welche Zahlen gehören an die Pfeile?

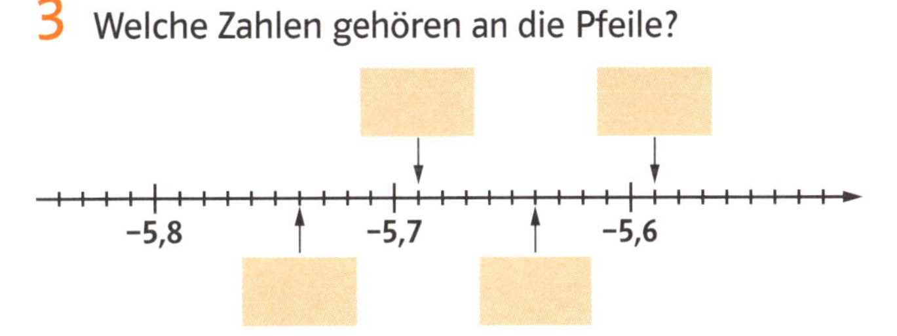

4 Ordne der Größe nach.

a) 1,1; 1,04; 1,01; 1,046

.... < .... < .... < ....

b) 7,2; 6,9; 6,099; 7,11

.... < .... < .... < ....

c) −0,46; −0,446; −0,4; −0,64

.... < .... < .... < ....

d) 3,25; $3\frac{1}{5}$; $3\frac{1}{3}$; 3,303

.... < .... < .... < ....

5 Auf den Kärtchen sind Brüche, Prozente und Dezimalzahlen angegeben. Ordne richtig zu wie im Beispiel und ergänze was fehlt.

Beispiel: $\frac{9}{10}$ = 0,9 = 90 %

.... = ... = ... ; .... = ... = ...

.... = ... = ... ; .... = ... = ...

.... = ... = ... ; .... = ... = ...

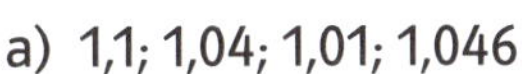

0 0,1 0,2 0,3 0,4 0,5 0,6 0,7 0,8 0,9 1

$\frac{9}{10}$ 90 %

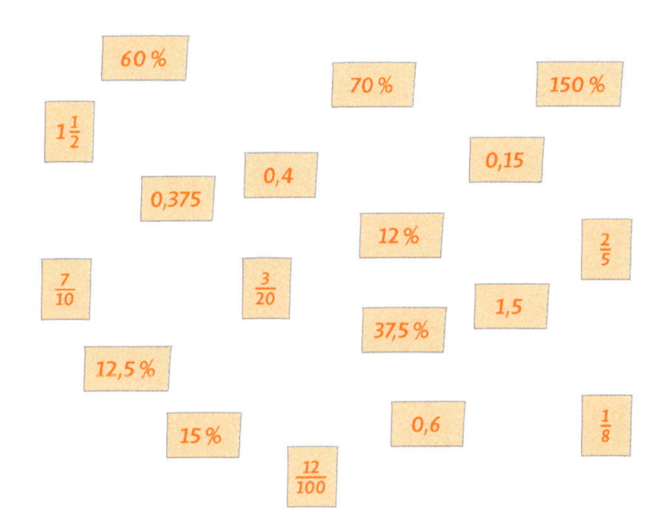

6 Welche Anteile sind farbig markiert? Schreibe als Bruch, Dezimalzahl und in Prozent.

a) b) c) d)

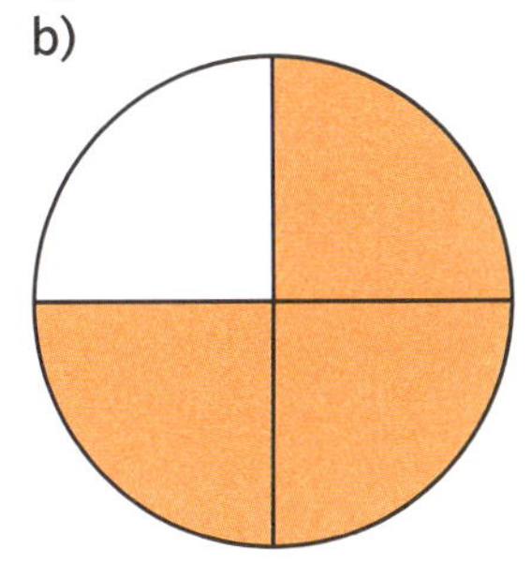

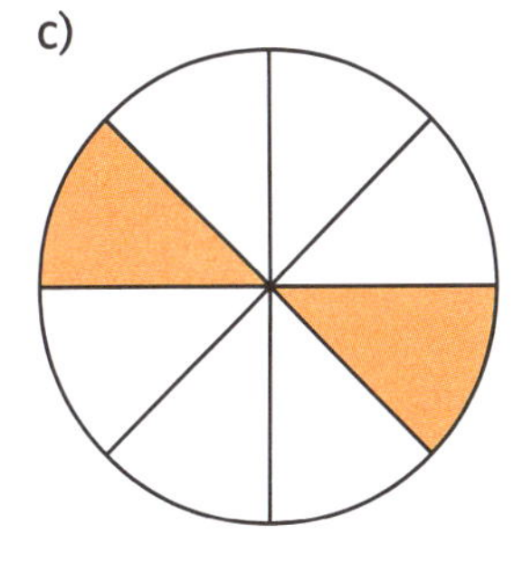

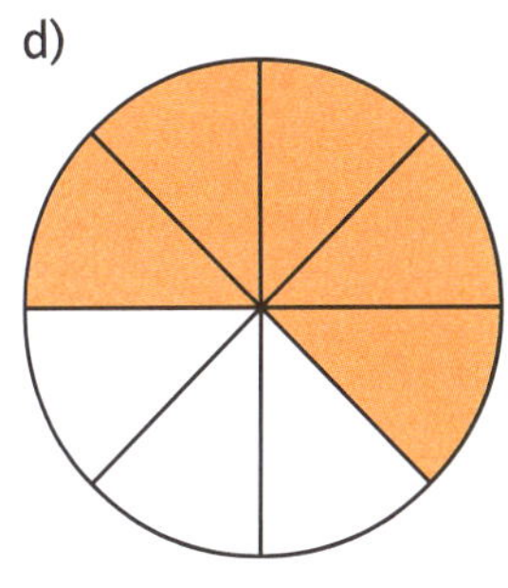

.... = ... = ... ; .... = ... = ... = ... = ... = ... = ...

▷ Schülerbuch, E-Kurs Seite 166 bis 168, G-Kurs Seite 120 bis 123

Rechnen mit Brüchen

1 Vergleiche ohne zu rechnen. Trage in das Leerfeld <; > oder = ein.

a) $\frac{2}{5}$ ☐ $\frac{2}{7}$ b) $\frac{3}{8}$ ☐ $\frac{3}{4}$
c) $\frac{4}{8}$ ☐ $\frac{5}{10}$ d) $\frac{3}{4}$ ☐ $\frac{2}{3}$
e) $\frac{2}{3}$ ☐ $\frac{4}{9}$ f) $\frac{3}{5}$ ☐ $\frac{4}{9}$

2 Mit welcher Zahl wurde erweitert bzw. gekürzt? Trage die Zahl in den Kreis ein.

a) $\frac{5}{6} = \frac{25}{30}$ ◯ b) $\frac{8}{11} = \frac{48}{66}$ ◯
c) $\frac{6}{13} = \frac{42}{91}$ ◯ d) $\frac{18}{48} = \frac{3}{8}$ ◯
e) $\frac{35}{49} = \frac{5}{7}$ ◯ f) $\frac{24}{72} = \frac{4}{12}$ ◯

3 Berechne. Beschreibe für eine Aufgabe, wie du vorgegangen bist.

a) $\frac{3}{4}$ von 20 = ☐ b) $\frac{2}{5}$ von 25 = ☐ c) $\frac{2}{8}$ von 80 = ☐ d) $\frac{3}{5}$ von 35 = ☐
e) $\frac{1}{2}$ von ☐ = 7 f) $\frac{1}{8}$ von ☐ = 8 g) $\frac{5}{6}$ von ☐ = 30 h) $\frac{4}{7}$ von ☐ = 28

....

4 Berechne.

a) $\frac{2}{5} + \frac{3}{5} =$ .... b) $\frac{4}{6} + \frac{1}{5} =$ ....
c) $\frac{2}{9} + \frac{2}{3} =$ .... d) $\frac{4}{6} - \frac{4}{7} =$ ....
e) $\frac{2}{9} - \frac{4}{6} =$ .... f) $\frac{6}{8} - \frac{2}{10} =$ ....

5 Fülle die Leerstellen aus.

a) $\frac{3}{4} + \frac{☐}{☐} = \frac{17}{12}$ b) $\frac{☐}{☐} - \frac{2}{8} = \frac{8}{24}$ c) $\frac{☐}{☐} + \frac{4}{20} = \frac{47}{60}$ d) $\frac{3}{7} - \frac{☐}{☐} = \frac{3}{14}$
e) $5 - \frac{☐}{☐} = 3\frac{1}{4}$ f) $\frac{☐}{☐} - \frac{1}{6} = \frac{5}{18}$ g) $\frac{3}{8} + \frac{☐}{☐} = \frac{19}{24}$ h) $\frac{☐}{☐} + \frac{3}{5} = \frac{11}{15}$

6 [●] Löse das Puzzle mithilfe der Zahlenkärtchen.

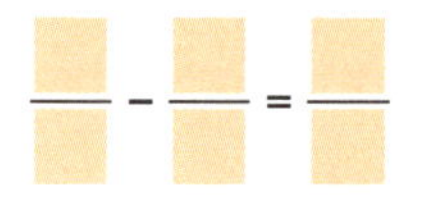

14 2 6 4 5 30

Wie viele verschiedene Lösungen findest du?

7 Berechne. Kürze vor dem Rechnen so weit wie möglich.

a) $\frac{3}{4} \cdot \frac{4}{5} =$ .... b) $\frac{1}{4} \cdot \frac{2}{5} =$ ....
c) $\frac{15}{21} \cdot \frac{35}{40} =$ .... d) $\frac{5}{9} : \frac{9}{5} =$ ....
e) $\frac{6}{7} : \frac{3}{7} =$ .... f) $\frac{5}{8} : \frac{25}{16} =$ ....

8 [●] Löse das Puzzle mithilfe der Zahlenkärtchen.

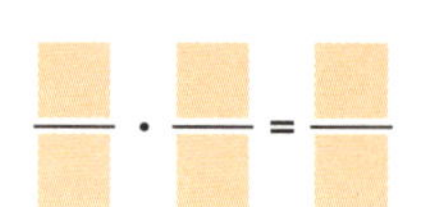

9 15 12 10 25 8

Tipp

Für die Addition und Subtraktion positiver und negativer Zahlen gelten folgende Regeln.

Addition:
$(+a) + (+b) = a + b$
$(-a) + (+b) = -a + b$ + + wird ersetzt durch +
$(+a) + (-b) = a - b$
$(-a) + (-b) = -a - b$ + − wird ersetzt durch −

Subtraktion:
$(+a) - (+b) = a - b$
$(-a) - (+b) = -a - b$ − + wird ersetzt durch −
$(+a) - (-b) = a + b$
$(-a) - (-b) = -a + b$ − − wird ersetzt durch +

1 Ermittle das Ergebnis.

Aufgabe	Vereinfachte Aufgabe	Ergebnis
(+ 4) - (+ 11)	*4 - 11*	*-7*
a) (− 5) + (− 7)		
b) (− 8) − (− 8)		
c) (+ 9) + (− 4)		
d) (− 17) − (+ 18)		
e) (− 27) + (− 34)		

2 Vereinfache die Aufgaben. Notiere das Ergebnis.

(+ 5) - (+ 4) + (-3) = 5 - 4 - 3 = -2

a) (− 2) − (− 7) + (− 10) = ... = ...
b) (+ 7) − (− 5) − (+ 9) = ... = ...
c) (− 20) − (− 25) + (− 3) = ... = ...
d) (− 34) + (− 17) − (+ 28) = ... = ...
e) (+ 43) − (+ 24) − (− 19) = ... = ...

3 Rechne nun mit Dezimalzahlen.

a) (+ 2,5) − (+ 1,3) = ... = ...
b) (− 2,5) + (− 1,3) = ... = ...
c) (+ 5,6) − (− 2,5) = ... = ...
d) (− 7,2) − (− 3,9) = ... = ...
e) (− 14,3) − (+ 9,7) = ... = ...

Tipp

Rechenregeln für die Multiplikation/Division:

1. Multipliziere/Dividiere ohne Vorzeichen.
2. Bei **gleichen** Vorzeichen setze: +
   bei **verschiedenen** Vorzeichen setze: −

Zahlen ohne Vorzeichen werden wie Zahlen, die ein + davor haben, behandelt.

4 Rechne zuerst ohne Vorzeichen, setze es dann.

Aufgabe/Ergebnis eintragen	Rechnung ohne Vorzeichen	Vergleich der Vorzeichen
(- 6) · 15 = - 90	*6 · 15 = 90*	*verschieden*
a) (+ 7) · (− 4) = ...		
b) (− 5) · (− 9) = ...		
c) (− 60) : (+ 12) = ...		
d) (− 30) : (− 6) = ...		

5 Berechne.

a) 15 · (− 3) = ...
b) (− 40) : (− 5) = ...
c) (− 2,5) · (− 5) = ...
d) (+ 4,5) : (− 1,5) = ...
e) − 49 : (− 7) = ...
f) 39 : (− 13) = ...
g) − 56 : (− 8) = ...
h) 196 : (− 14) = ...

6 Berechne ebenso schrittweise.

a) 9 · (− 8) · (− 2) = *(- 72) · (- 2)* .... = ...
b) (− 4) · (+ 6) · (− 3) = ... = ...
c) (− 9) · (+ 5) : (+ 3) = ... = ...
d) (− 25) · 4 : (− 20) = ... = ...
e) (− 3) · (− 1,8) : 6 = ... = ...

7 [▦] Berechne mit dem Taschenrechner.

a) − 0,4 : (− 0,8) = ...
b) − 0,4 · (− 0,8) = ...
c) 3,2 : (− 0,4) = ...
d) $-0{,}4 : \frac{1}{2}$ = ...
e) $-\frac{4}{5} \cdot \frac{5}{8}$ = ...
f) $-4{,}5 + \left(-\frac{5}{8}\right)$ = ...
g) $\frac{4}{5} : \left(-\frac{5}{8}\right)$ = ...
h) $\frac{7}{10} \cdot \left(-\frac{14}{25}\right)$ = ...
i) $-\frac{7}{10} : \left(-\frac{14}{25}\right)$ = ...
j) 0,7 : 0,14 = ...

▻ Schülerbuch, E-Kurs Seite 166 bis 168, G-Kurs Seite 120 bis 123

1 Schreibweisen

Ergänze die fehlenden Werte. Rechne im Kopf.

a)

Bruch	Prozent	Dezimal-zahl
$\frac{1}{2}$	*50 %*	*0,5*
$\frac{1}{5}$		
	25 %	
		0,75
$\frac{9}{10}$		

b)

Bruch	Prozent	Dezimal-zahl
$\frac{3}{50}$		
	60 %	
		0,125
$\frac{76}{1000}$		
	188 %	

c)

Bruch	Prozent	Dezimal-zahl
$\frac{18}{30}$		
	0,08 %	
		0,375
$\frac{2}{3}$		
$5\frac{1}{5}$		

2 [✓] Gib den Anteil der gefärbten Fläche an der Gesamtfläche in Prozent an.

a)

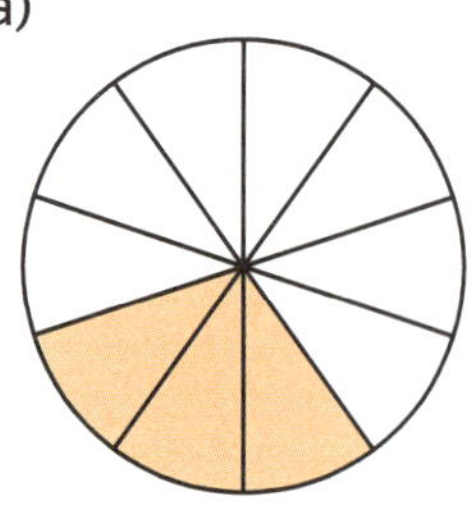

b)

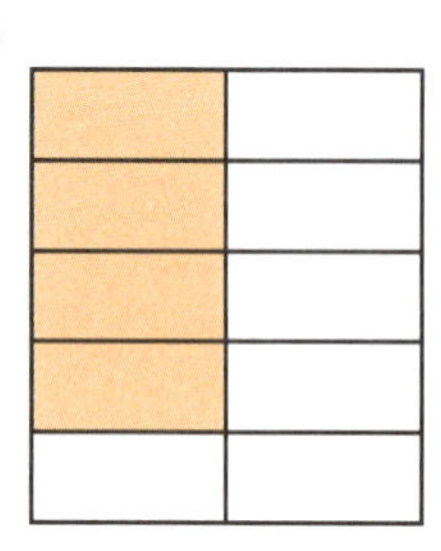

c)

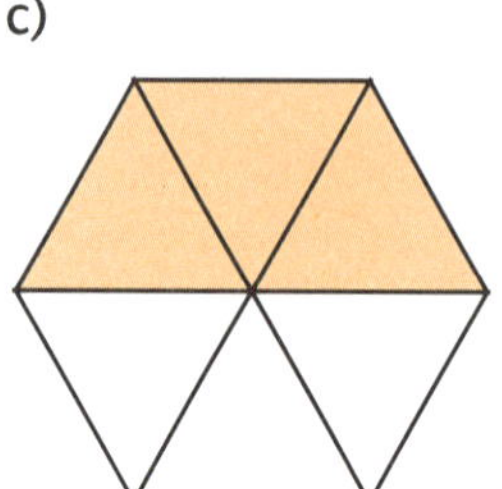

d)

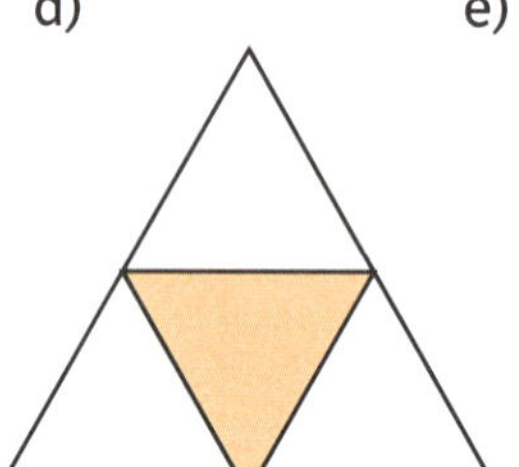

e)

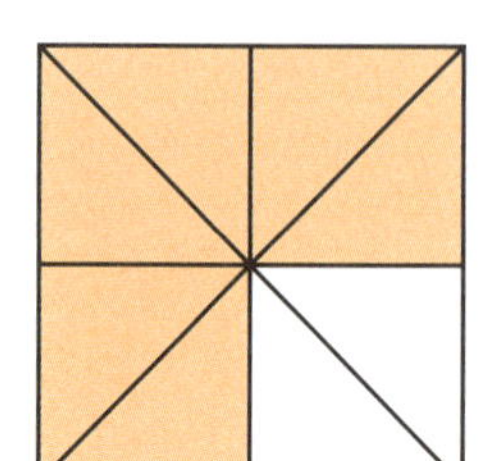

Ergebnisse (ohne Einheiten) 25; 30; 40; 50; 75

3

Familie Schmidthausen hat ein monatliches Einkommen von 2000 €. Davon gehen rund 800 € für Miete und Nebenkosten ab, ca. 500 € für Lebensmittel, 200 € für Kleidung, 160 € für Versicherungen und der Rest für Sonstiges. Berechne die prozentualen Anteile und stelle sie im Streifendiagramm dar.

....

....

....

....

....

....

4

Bei einer Vergleichsarbeit wurden 60 Klassenarbeiten bewertet:

Note	1	2	3	4	5	6
Anzahl	3	9	24	18	6	0
Prozent						

Berechne die Notenanteile in Prozent.
Stelle sie dann im Kreisdiagramm dar.

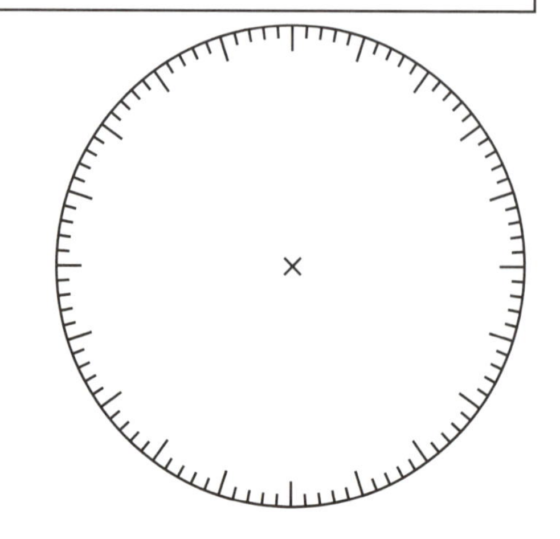

5 [✓] Berechne jeweils den Prozentwert.

a) 25 % von 92 kg

P = ...

b) 80 % von 240 cm

....

c) 76 % von 75 ml

....

d) 57 % von 1010 g

....

e) 36 % von 458 €

....

f) 115 % von 920 m²

....

6 [✓] Berechne jeweils den Prozentsatz.

a) 16 mm von 25 mm

p % = ...

b) 64 € von 400 €

....

c) 18 Liter von 60 Liter

....

d) 84 min von 150 min

....

e) 168 cm von 700 cm

....

f) 9 kg von 125 kg

....

7 [✓] Berechne jeweils den Grundwert.

a) 20 % sind 15 Personen

G = ...

b) 80 % sind 72 a

....

c) 45 % sind 315 m³

....

d) 76 % sind 2584 ml

....

e) 13 % sind 58,50 €

....

f) 77 % sind 3,85 s

....

Ergebnisse 5; 7,2; 16; 23; 24; 30; 56; 57; 64; 75; 90; 164,88; 192; 450; 575,7; 700; 1058; 3400

8 Preisreduzierung bei Sport-Bergmoser

a) Wie viel kosten die Trekkingartikel nach der Preisreduzierung?

–40 %

bisher: 79,00 €

–30 %

bisher: 199,00 €

–20 %

bisher: 99,50 €

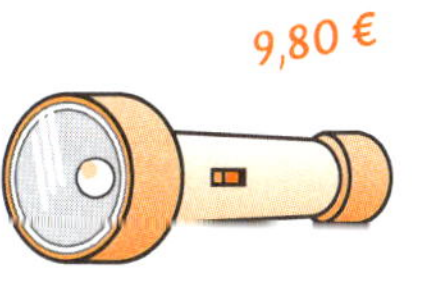

–25 %

bisher: 55,00 €

b) Um wie viel Prozent wurden die Artikel aus dem Taucherzubehör ermäßigt?

51,00 €

bisher: 85,00 €

15,40 €

bisher: 28,00 €

177,30 €

bisher: 295,50 €

9,80 €

bisher: 24,50 €

c) Wie viel haben diese Fußballartikel ursprünglich gekostet?

–40 %

nur 15,00 €

–30 %

nur 66,50 €

–20 %

nur 7,96 €

–55 %

nur 17,55 €

9 Patrick hat 450 € auf seinem Sparbuch. Die Bank verzinst das Geld zu 3,2 %. Er erhält nach einem Jahr 14,40 € Jahreszinsen.
Ordne Kapital, Zinssatz und Jahreszinsen richtig zu:

....	....	....
Kapital	Zinssatz	Jahreszinsen

Tipp
Bei Geldgeschäften werden die Grundbegriffe der Prozentrechnung umbenannt:

Grundwert (G)	Kapital (K)
Prozentsatz (p %)	Zinssatz (p %)
Prozentwert (P)	Jahreszinsen (Z)

10 [✓] Berechne die Jahreszinsen.

Kapital	500 €	4500 €	18 750 €	780 €	9856 €
Zinssatz	3 %	4,6 %	12,5 %	3,25 %	7,75 %
Jahreszinsen					

11 [✓] Berechne den Zinssatz.

Kapital	400 €	3750 €	92 300 €	12 485 €	23 648 €
Zinssatz					
Jahreszinsen	8 €	131,25 €	784,55 €	1073,71 €	2423,92 €

12 [✓] Berechne das Kapital.

Kapital					
Zinssatz	4 %	5,5 %	6,2 %	6,75 %	12,33 %
Jahreszinsen	24 €	63,25 €	542,50 €	1044,90 €	1578,24 €

Ergebnisse 2; 3,5; 0,85; 8,6; 10,25; 15; 25,35; 207; 600; 763,84; 1150; 2343,75; 8750; 12 800; 15 480

13 Berechne die fehlenden Größen.

Kapital	3000 €	4500 €
Zinssatz	2,5 %	
Zinsen nach 30 Tagen		
Zinsen nach 4 Monaten		
Zinsen nach 150 Tagen		
Zinsen nach 165 Tagen		
Zinsen nach 275 Tagen		
Zinsen nach 330 Tagen		
Jahreszinsen		135,00 €

14 [●] a) Calvin zahlt 1000 € bei seiner Bank ein. Wie viel Euro erhält er nach Ablauf von 5 Jahren?

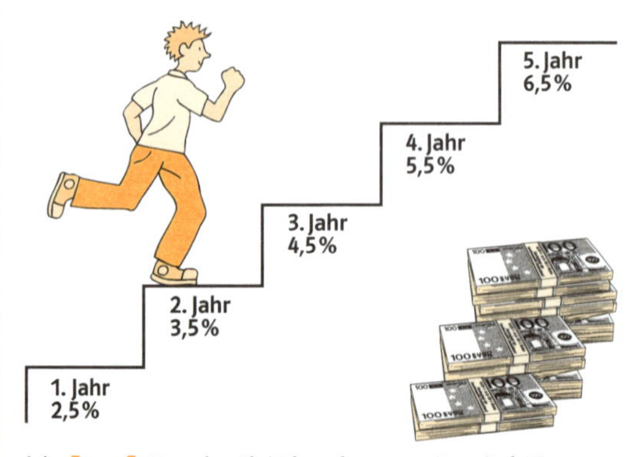

b) [●●] Frederik überlegt, wie viel Euro er anlegen müsste, um bei der gleichen Bank nach 5 Jahren 1000 € ausgezahlt zu bekommen.

1 Ordne die Terme einander zu, die für $x = 1$ bzw. für $x = 2$ denselben Wert haben.

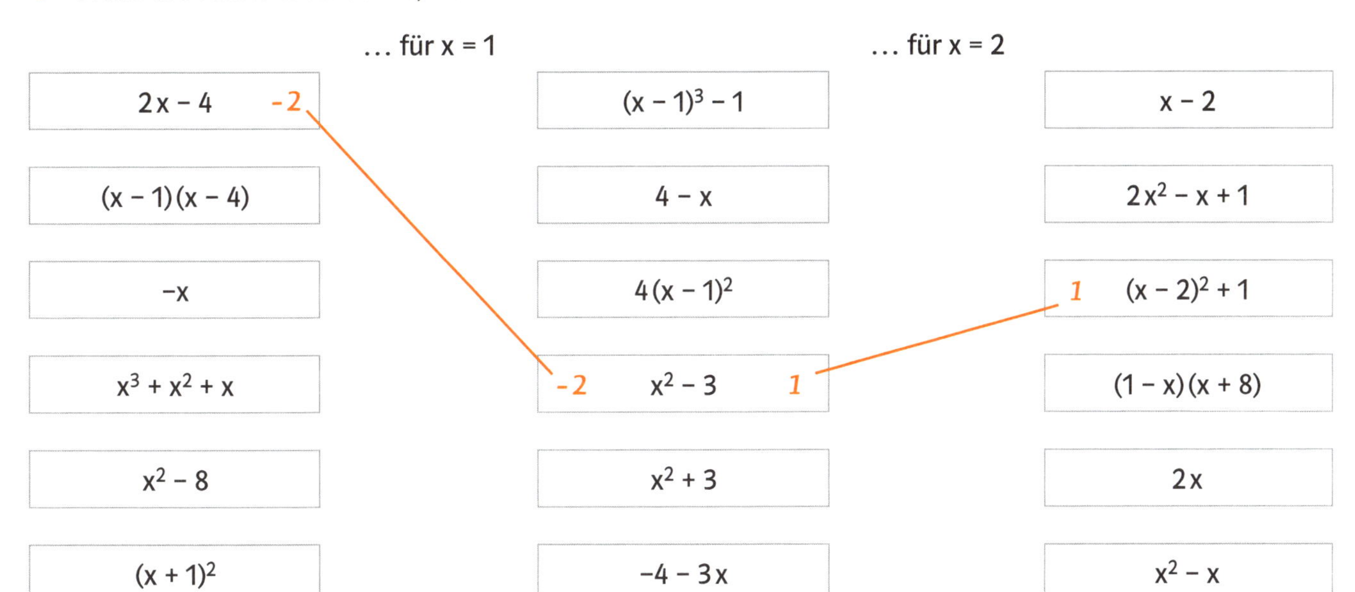

2 [✓] Welcher Term entspricht dem in der linken Spalte?
Bei der richtigen Wahl ergibt sich, von oben nach unten gelesen, ein Lösungswort aus der Mathematik.

							Lösung
$3a + 9 = ?$	$3(a + 9)$	B	$3a(a + 3)$	N	$3(a + 3)$	F	
$8ab - 24b = ?$	$8b(a - 24)$	E	$b(8a - 24)$	A	$8b(a + 3b)$	I	
$15abc - 10ab = ?$	$5ab(3c - 2)$	K	$5abc(3 - 2c)$	R	$5a(3bc - 2)$	T	
$ab - ac = ?$	$(a - b)(a - c)$	K	$a(b - c)$	(T)	$ab(1 - c)$	R	T
$4a^2 + 8b = ?$	$4(a^2 + 2b)$	O	$4(a^2 + 8b)$	I	$4a^2(1 + 8b)$	E	
$4ab - b^2 = ?$	$b^2(4a - 1)$	F	$b(4a - b)$	R	$a(4b - b^2)$	K	
$b^2 + 2b + 1 = ?$	$b(1 + b)$	A	$b(b + b + 1)$	U	$(1 + b)(1 + b)$	E	
$5x^2 - 25xy = ?$	$5x(x - 5y)$	N	$5x^2(x - 5)$	M	$5x(1 - 5y)$	S	

Lösungswort: ……………………………………………………………………………

3 [●] Ordne die Terme (ohne aufzulösen) den entsprechenden Bezeichnungen zu:

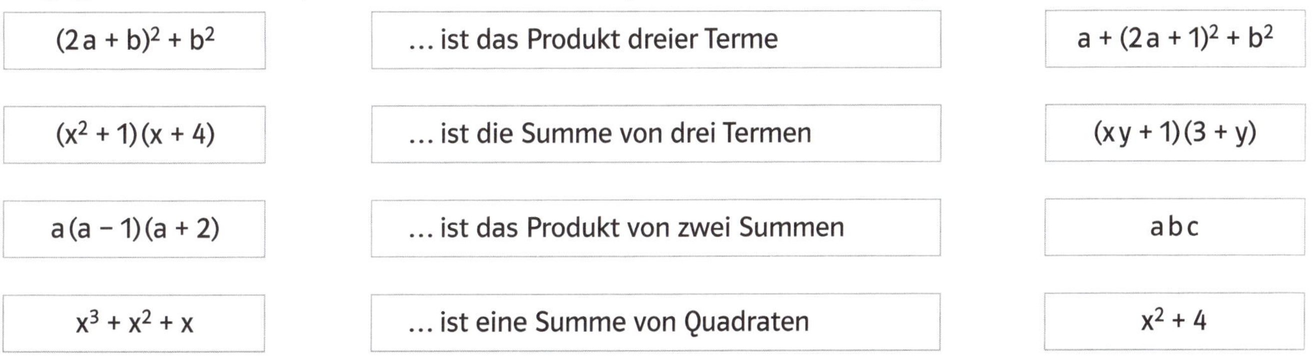

4 [✓] Löse die Gleichungen.

a) $4x - 8 = 0$

b) $15x = 3x + 4$

c) $14y + 14 = 5y - 4$

d) $-2(x - 4) = 6x - 4$

e) $-(x - 3) = 6 + 2x$

f) $\frac{1}{3}x + 2 = \frac{1}{2}$

Ergebnisse $\frac{1}{3}$; 2; 1,5; −1; −2; −4,5

5 Finde jeweils die zur Gleichung in der ersten Spalte äquivalente Gleichung.
Von oben nach unten gelesen ergibt sich ein Lösungswort aus dem Bereich der Mathematik.

							Lösung
$2x + 5 = 0$	$x + 3 = 0$	T	$2x = -5$	G	$x + 3 = -2$	F	
$2x + 1 = x + 2$	$1 = 2$	A	$x = 1$	L	$x = 2$	U	
$3a + 4a = 0$	$3a = 4a$	N	$3a = -4a$	E	$7a^2 = 0$	L	
$2(x + 4) = 2$	$2x + 4 = 2$	G	$x + 4 = 0$	K	$x + 4 = 1$	I	
$3a + 3b = 0$	$3ab = 0$	E	$a + b = 0$	C	$9ab = 0$	I	
$2y - 3z = 3z$	$2y = 0$	S	$2y = 3z$	R	$2y = 6z$	H	
$7y - 3 = 7$	$y = \frac{10}{7}$	U	$y = \frac{7}{10}$	I	$y = 3$	K	
$\frac{1}{3}x + \frac{1}{2} = \frac{1}{6}$	$2x + 3 = 1$	N	$\frac{1}{2}x + \frac{1}{3} = \frac{1}{6}$	O	$\frac{1}{3}x + \frac{1}{6} = \frac{1}{2}$	E	
$\frac{x}{2} + \frac{x}{3} = \frac{x}{2}$	$\frac{2x}{6} = \frac{x}{2}$	N	$\frac{2x}{5} = \frac{x}{2}$	R	$\frac{x}{3} = 0$	G	

Lösungswort: ....

6 **1 Euro = 1 Cent ...**

Beim Rechnen mit Einheiten musst du besonders aufpassen. Welche der Gleichheitszeichen sind richtig, welche falsch? Tipp: Setze statt Euro und Cent Meter und Zentimeter. Dann wird der Fehler deutlicher.

1 Euro = 100 Cent
= 10 Cent · 10 Cent
= 0,1 Euro · 0,1 Euro
= 0,01 Euro
= 1 Cent

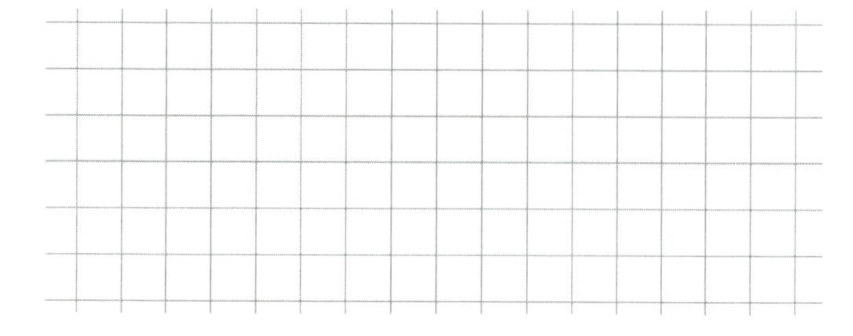

▻ Schülerbuch, E-Kurs Seite 172 bis 175, G-Kurs Seite 127 bis 130

1 Von 8 bis 18 Uhr wurde zu jeder vollen Stunde die Temperatur gemessen.

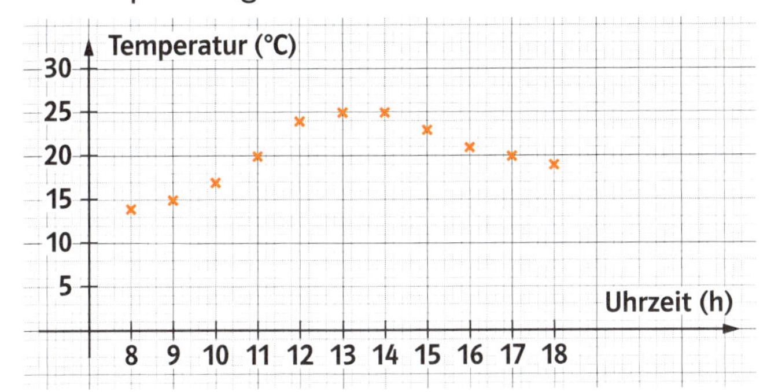

Lies die Temperaturen ab und ergänze die Tabelle.

Uhrzeit (h)	8	9	10	11	12
Temperatur (°C)					

Uhrzeit (h)	13	14	15	16	17
Temperatur (°C)					

2 Sarah und Kim treiben Sport. Ordne den Schaubildern den richtigen Text zu und ergänze jeweils den Text für Kim.

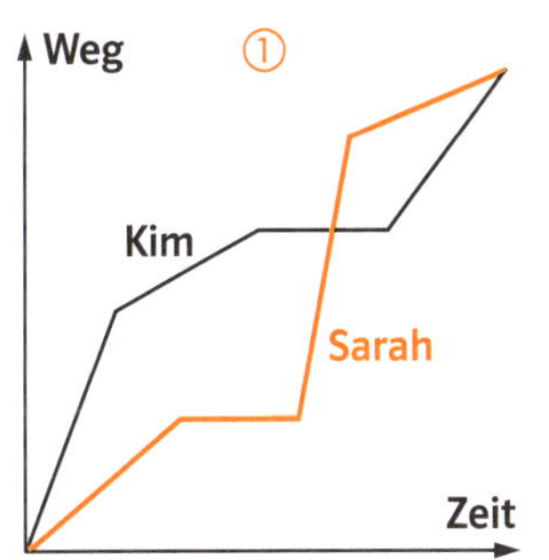

Schaubild ....
Sarah beginnt mit langsamem Tempo, sprintet dann, bleibt kurz stehen und läuft dann gleichmäßig bis zum Treffpunkt.
Kim ....
....
....
....
....

Schaubild ....
Sarah beginnt mit langsamem Tempo, bleibt kurze Zeit stehen, wird dann schneller, um langsam auszulaufen.
Kim ....
....
....
....
....

3 Im Gebirge müssen oft beachtliche Steigungen überwunden werden. Dazu werden oft Zahnrad- oder Standseilbahnen eingesetzt.

a) Lies aus dem Diagramm unten die Höhenunterschiede ab, die die Bahnen jeweils überwinden und trage die Werte in die Tabelle ein.

	Waagerechte Strecke (m)	0	50	100	150
Zahnrad-bahn	Höhe (m)				
Standseil-bahn	Höhe (m)				

b) Die Steigung der Zahnradbahn beträgt

....,

die Steigung der Standseilbahn

....

(Tipp: Zeichne Steigungsdreiecke so in das Diagramm ein, dass sie durch die waagerechte Strecke von 100 m verlaufen.)

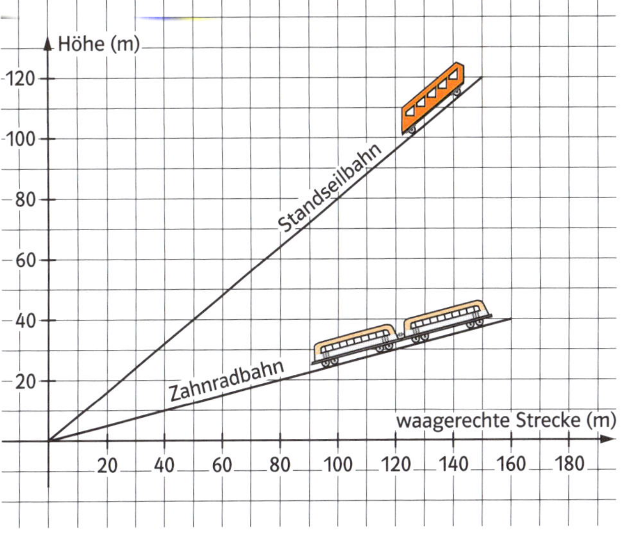

4 a) Das Schaubild gehört zu einer linearen Zuordnung. Begründe.

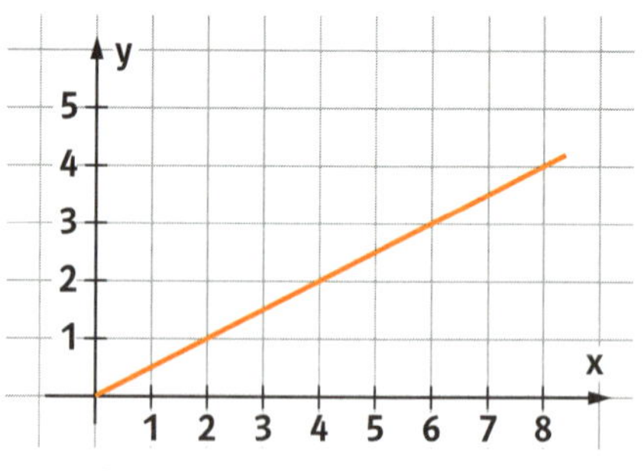

....

b) Ergänze die Wertetabelle mithilfe des Graphen.

x	0	1	2	3	4	6
y						

c) Um wie viel steigt der y-Wert, wenn sich der x-Wert um 1 erhöht? Zeichne mehrere Steigungsdreiecke ein. Vergleiche mit der Tabelle.

....

d) Die Steigung des Graphen beträgt ....

e) Die Funktionsgleichung lautet ....

5 Ermittle jeweils die Steigung der Graphen. Notiere dann den zugehörigen Term.

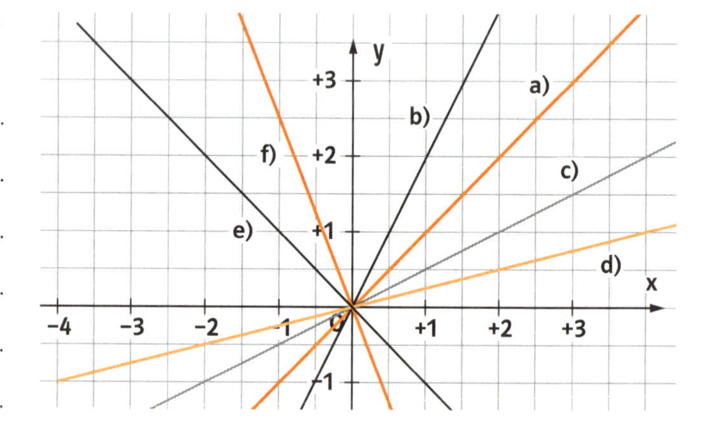

a) Steigung ....; Term ....

b) Steigung ....; Term ....

c) Steigung ....; Term ....

d) Steigung ....; Term ....

e) Steigung ....; Term ....

f) Steigung ....; Term ....

6 An einem Urlaubsort können Mountainbikes gegen Gebühr geliehen werden.

Mountainbikeverleih Fa. Berger

Grundgebühr:
30 €

Verleih:
12 € pro Tag

(Unfallversicherung, Gepäcktransport, weitere Serviceleistungen inclusive!)

a) Die Funktionsgleichung zum Angebot lautet:

....

b) Zeichne den Graphen zum Angebot der Fa. Berger.

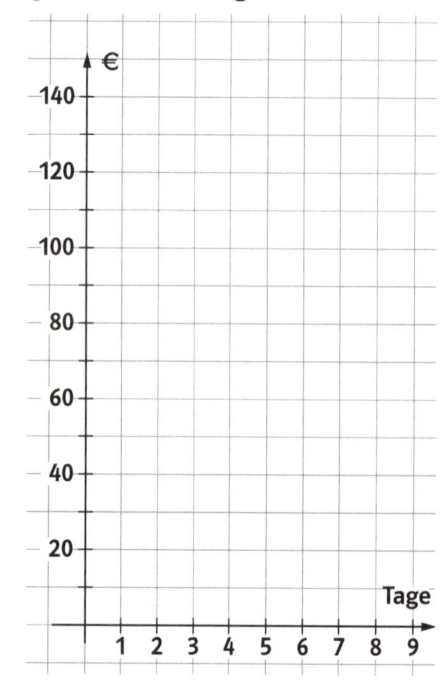

c) Beim Fahrradverleih „Bikers" können auch Mountainbikes gemietet werden.

Mountainbikes bei Bikers mieten

Kategorie	Preise
6 Std.	13 €
2 Tage	40 €
3 Tage	57 €
4 Tage	74 €
5 Tage	91 €
7 Tage	105 €
10 Tage	150 €

Wo würdest du mieten? Begründe.

....

....

▻ Schülerbuch, E-Kurs Seite 176 bis 178, G-Kurs Seite 131 bis 133

1 Schreibe in

a) **mm:** 5 cm = ...; 2 dm = ...; 3,8 cm = ...; 4 m = ...; 1,1 dm = ...

b) **cm:** 8 dm = ...; 20 mm = ...; 2,6 dm = ...; 4,80 m = ...; 2 dm 5 cm = ...

c) **m:** 60 dm = ...; 400 cm = ...; 2,5 km = ...; 3 dm = ...; 1,08 km = ...

2 Ordne nach der Größe.

a) 4 m 6 dm; 4,06 m; 466 cm; 4 m 50 cm: ....

b) 1030 m; 1 km 3 m; 1300 m; 10 km 30 m: ....

c) 0,85 m; 8 dm 50 cm; 85 dm; 855 cm: ....

3 Berechne den Flächeninhalt der Dreiecke.

a)

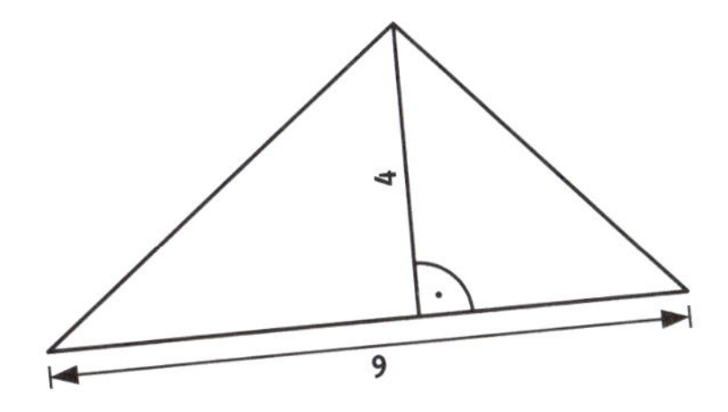

b)

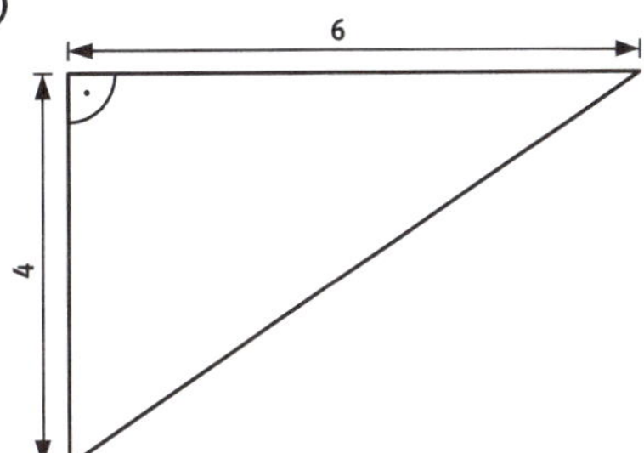

c)

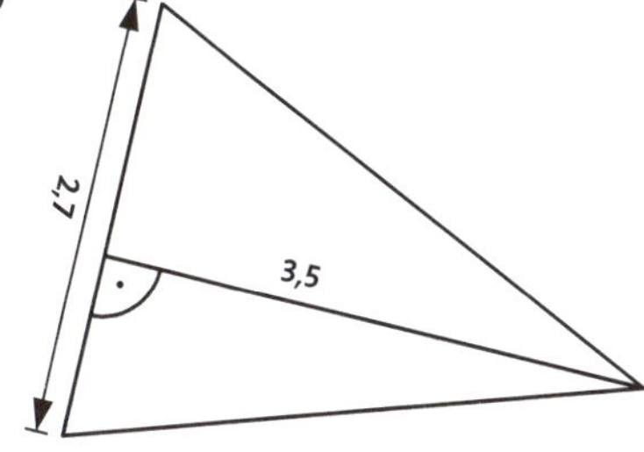

4 Wie muss man in einem Dreieck ABC …

a) … die Grundseite g verändern, wenn sich die Länge der Höhe verdoppelt und der Flächeninhalt gleich bleiben soll?

b) [●] … die Höhe h_g verändern, wenn die Grundseite g sich drittelt und der Flächeninhalt sich verdoppeln soll?

5 Berechne die fehlenden Größen der Rechtecke.

	a)	b)	c)	d)	e)	f)
Seitenlänge a	48 m	7,5 km	45 dm		6,2 m	0,8 km
Seitenlänge b	6,8 m	26 km		15 mm		
Flächeninhalt A			720 dm²	2250 mm²		
Umfang u					22,4 m	5,6 km

6 Eine Treppenhauswand soll neu gestrichen werden. Der Maler rechnet 6,40 € pro m^2.
Erstelle eine Rechnung für diese Arbeit.

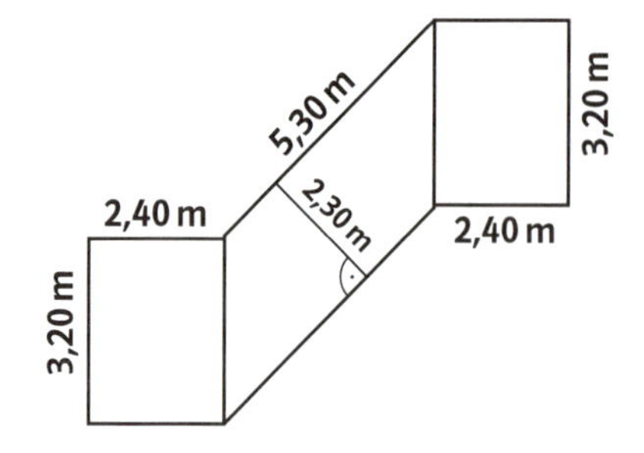

7 Bestimme die Flächeninhalte der beiden Figuren.

a)

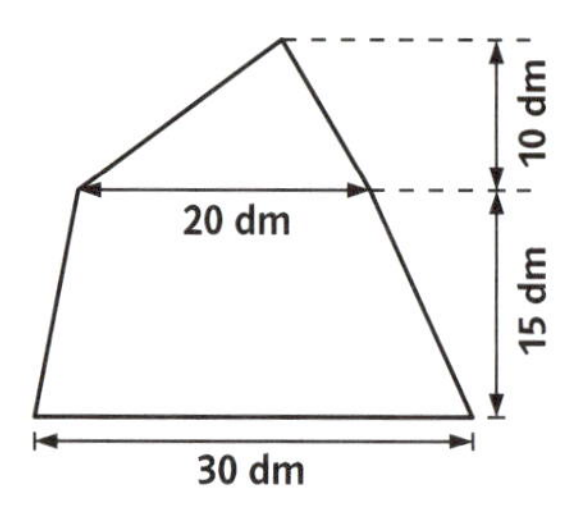

b)

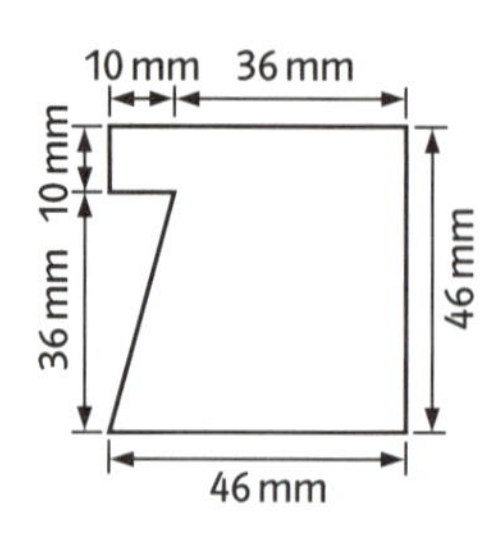

8 Welches der beiden Vielecke hat den größeren Flächeninhalt?
Zerlege in geeignete Teilflächen und berechne.

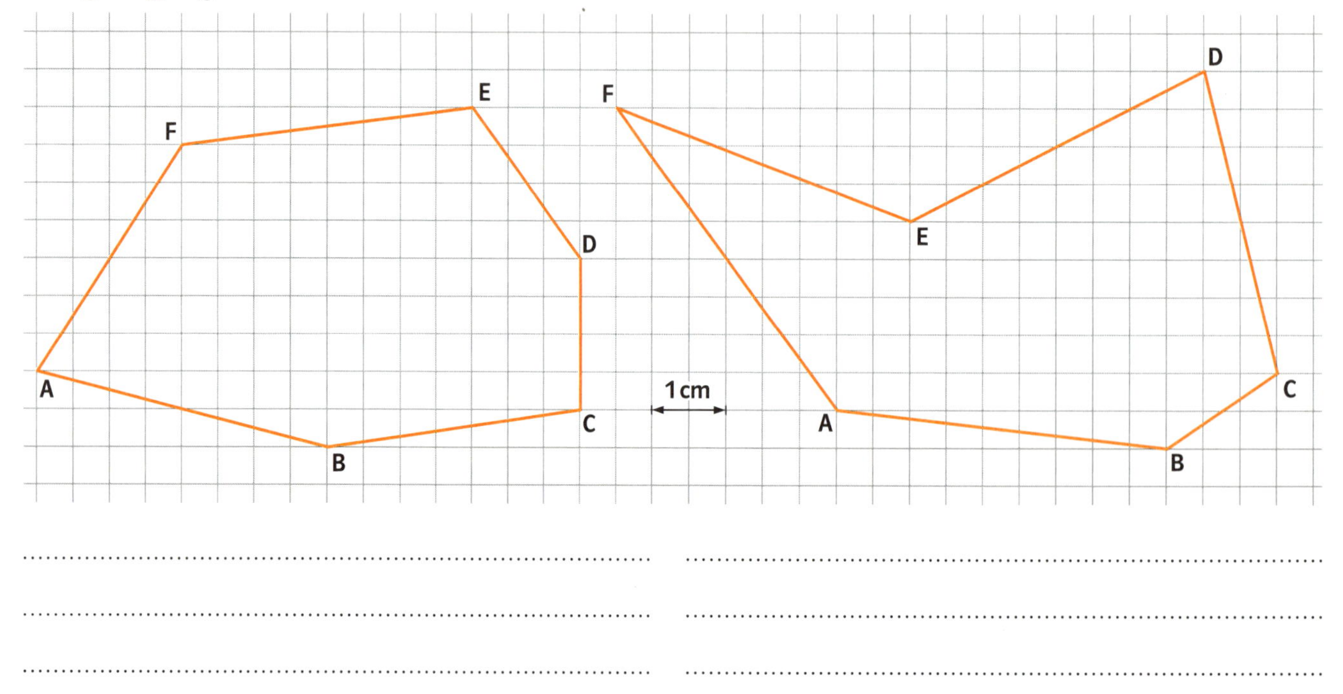

1 Bestimme Grundfläche und Volumen.

a)

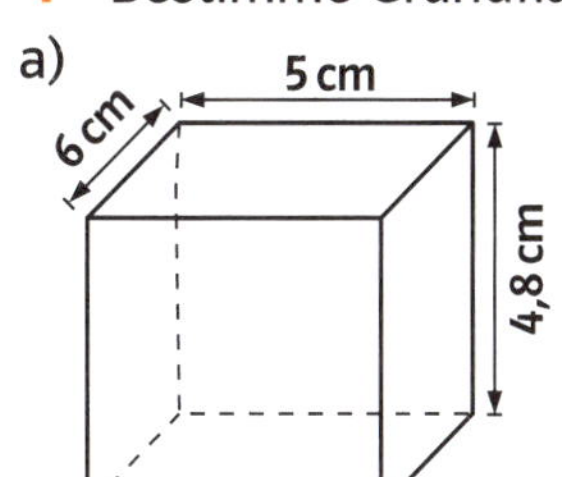

b)

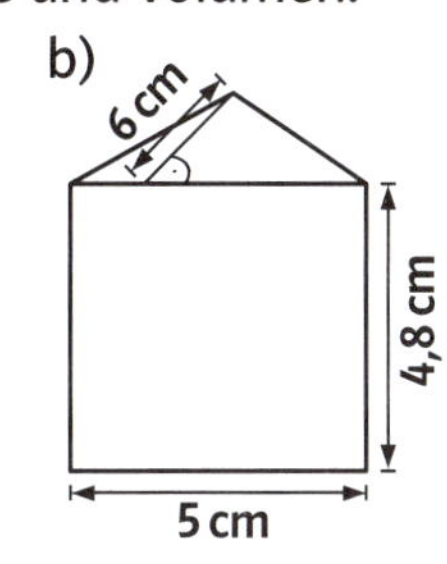

G = ... G = ...

V = ... V = ...

....

2 a) Berechne das Volumen eines Quaders mit a = 7 cm; b = 11 cm und h = 3 dm.

G = ... cm^2; h = ... cm

V = ...

....

b) Berechne die Grundfläche eines Prismas mit V = 598 cm^3 und h = 13 cm.

Einsetzen in die Formel: ....

Nach G auflösen: G = ...

G = ...

....

3 Der umbaute Raum des Hauses soll berechnet werden. Berechne zunächst den Flächeninhalt A der Giebelfläche (= Vorderfläche).

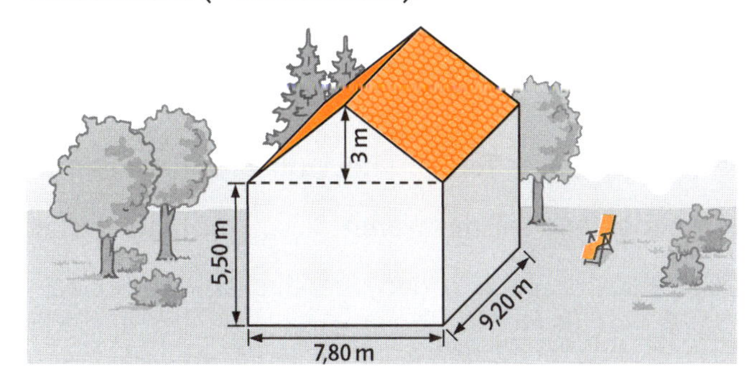

A = ...

....

V = ...

....

4 Es soll ein 1,2 km langer Damm aufgeschüttet werden. Sein Querschnitt ist trapezförmig.

a) Berechne, wie viel m^3 Sand benötigt werden.

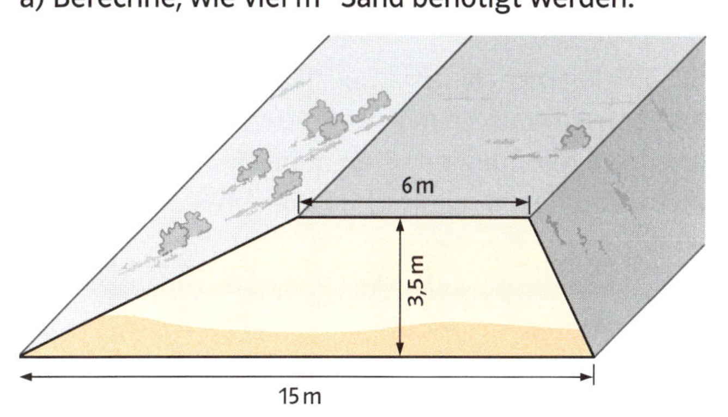

A = ...

....

V = ...

....

b) Der Sand wird mit Lkws angefahren, die jeweils 12 m^3 transportieren können.
Wie viele Fuhren sind notwendig?

Anzahl der Fuhren: ....

5 a) Wie viel m^3 Wasser fasst das abgebildete Becken eines Schwimmbades?
Berechne zunächst den Inhalt A der vorderen Fläche.

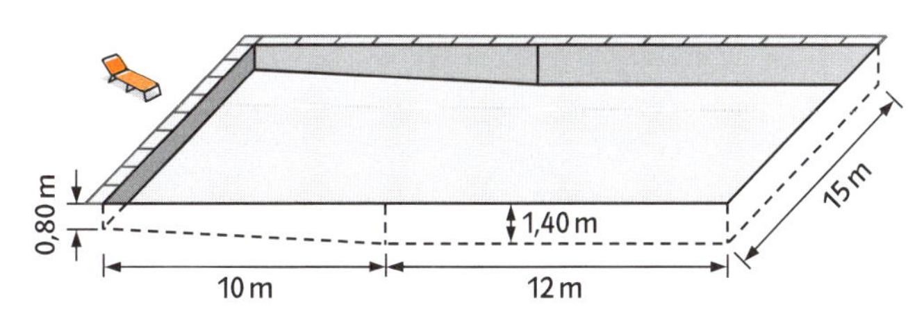

A = ...

....

V = ...

....

b) Das Becken wird nur bis 10 cm unter seinen Rand gefüllt. Wie viel m^3 Wasser fasst das Becken so? Rechne geschickt!

V = ...

....

Feten, Fun und Freitzeitspaß. Umfragen haben ergeben: Jugendliche heute haben nicht nur Feiern und Fernsehen im Kopf. Wichtig sind ihnen vor allem verlässliche Freunde, mit denen sie Musik hören, gemeinsam Sport treiben, ins Kino gehen und werkeln …

1 300 Jugendliche zwischen 15 und 17 Jahren wurden befragt, was sie in ihrer Freizeit am liebsten tun (mehrere Nennungen waren möglich).

a) Bestimme die relativen Häufigkeiten.

	absolute Häufigkeit	relative Häufigkeit
mit Freunden treffen	285	$\frac{285}{300} = 0{,}95 = 95\,\%$
Musik hören	273	
lesen	216	
Fernsehen/ins Kino gehen	204	
am Computer arbeiten/spielen	183	
basteln/malen	147	
Fußball spielen	102	
Sonstiges	96	

....

....

b) Zeichne ein Säulendiagramm.

Anteil der Jugendlichen in Prozent

Freizeitbeschäftigung

2 148 Jugendliche wurden befragt, was sie machen würden, wenn sie 1000 € gewonnen hätten.

- 62 der Jugendlichen sagten, dass sie das Geld sparen würden.
- 35 würden eine Reise machen,
- 33 etwas Schickes zum Anziehen und
- 18 etwas anderes kaufen.

a) Berechne die relativen Häufigkeiten. Runde auf ganze Zahlen.

Sparen: ....

Reisen: ....

Klamotten: ....

Sonstiges: ....

b) Stelle die Häufigkeitsverteilung in einem Kreisdiagramm dar.

3 1600 Jugendliche wurden danach befragt, was für sie besonders wichtig sei.

39 % sagten, dass Toleranz heutzutage außerordentlich bedeutend sei, das waren .... Jugendliche.

25 %, also .... der Jugendlichen, war Solidarität besonders wichtig.

Für 23 %, das sind .... Jugendliche war Ehrlichkeit außerordentlich bedeutend.

8 % der Jugendlichen legten Wert auf Ordnung, das sind .... 5 % der Jugendlichen fanden Wohlstand sehr wichtig, also ....

 ▻ Schülerbuch, E-Kurs Seite 187 bis 189

4 Bestimme jeweils den Mittelwert und die Spannweite.

a) 4 cm; 7 cm; 3 cm; 12 cm; 9 cm

$\overline{m} = \frac{4\,cm + 7\,cm + 3\,cm + 12\,cm + 9\,cm}{5} =$

$w = 12\,cm - 3\,cm =$

b) 20 kg; 25 kg; 30 kg; 20 kg; 15 kg

c) 6,2 l; 23,8 l; 41,3 l; 8,7 l

5 Wandle jeweils in die gleiche Maßeinheit um und bestimme dann den Mittelwert und die Spannweite.

a) 4,5 kg; 500 g; 2,6 kg; 250 g; 3,4 kg

b) 20 l; 750 ml; 34,2 l; 17,3 l; 250 ml

c) [●] 7 m; 5 m 32 cm; 410 cm; 5 cm; 0,8 m

6 Bestimme jeweils den Mittelwert $\overline{m}$ und den Zentralwert z und vergleiche.

a) 8,5 km; 6,4 km; 5,3 km; 8,2 km; 7,6 km

b) [●] 6,70 €; 5,85 €; 4,27 €; 88 ct; 4,96 €; 4,05 €

c) [●] 8,5 km; 7200 m; 6,4 km; 5,3 km; 8,2 km; 6000 m

7 Sarah hat eine Woche lang täglich die Mittagstemperatur notiert und in ein Diagramm eingetragen. Berechne die Durchschnittstemperatur der Woche.

°C
25
20
15
10
5
Mo Di Mi Do Fr Sa So

8 Berechne die durchschnittlichen Temperaturen der drei Orte.
Vergleiche.

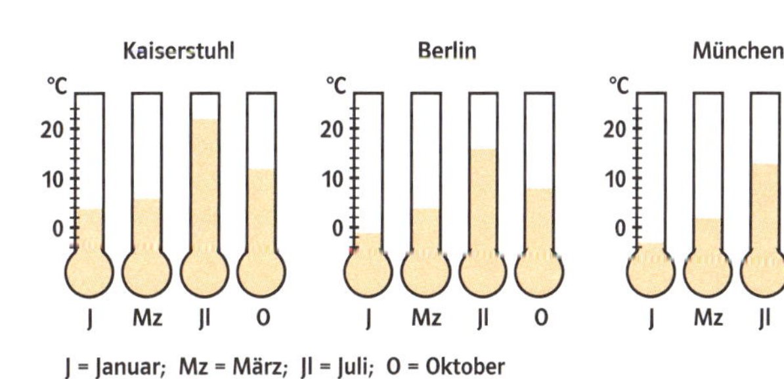

Um die Aufgaben auf dieser Seite bearbeiten zu können, musst du deine Geometriesoftware öffnen und ein Koordinatensystem einrichten – wenn es nicht automatisch vorhanden ist.

1 Denke dir drei lineare Funktionsgleichungen aus und zeichne die zugehörigen Graphen in ein Koordinatensystem. Lies ab, an welchen Punkten sie die Gerade $y = 3$ schneiden.

....

2 Erzeuge den Graphen zur Funktion $f(x) = 1{,}5x + 2$. Ändere die Funktionsgleichung schrittweise fünfmal so, dass der Achsenabschnitt b jeweils um 1 kleiner wird. Lass alle Graphen in ein Koordinatensystem zeichnen.

a) Welche Veränderungen stellst du fest? Was bleibt bei allen Graphen gleich?

....

....

b) Welcher Graph gehört zu einer proportionalen Zuordnung? Beschreibe das Besondere seiner Lage und seines Verlaufs.

....

....

3 Erzeuge ein beliebiges Dreieck im Koordinatensystem.

a) Ziehe die Ecken so, dass das abgebildete Dreieck entsteht.

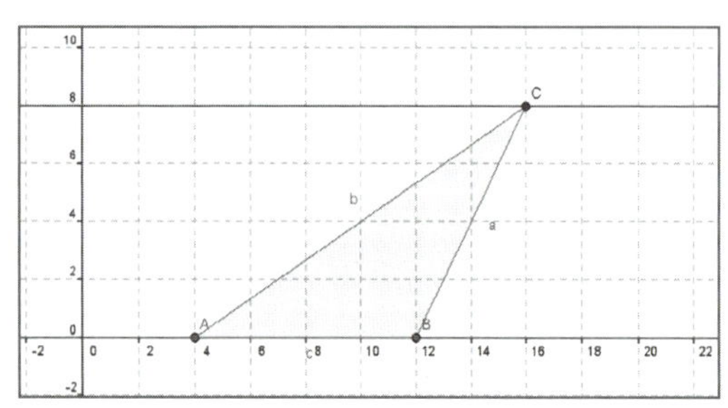

b) Lass den Flächeninhalt berechnen.

....

c) Ziehe den Punkt C auf der Geraden $y = 8$ hin und her. Was passiert mit dem Flächeninhalt? Hast du eine Erklärung dafür?

....

....

....

4 In einer Stadt gibt es drei Taxiunternehmen mit eigenen Tarifen.

Stadttaxi
2,50 € Grundgebühr
und 20 ct pro km

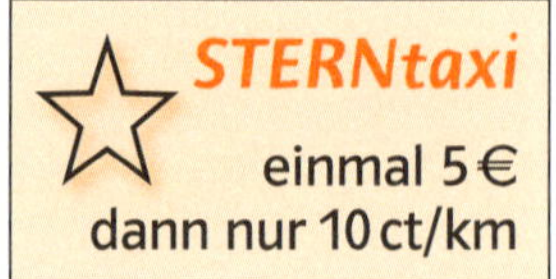

Hallo Taxi !!!
40 ct/km **ohne** Grundgebühr

a) Gib zu jedem Tarif eine Funktionsgleichung zur Berechnung des Fahrpreises an.

Stadttaxi: ....

STERNtaxi: ....

Hallo Taxi: ....

b) Erzeuge die zugehörigen Graphen in einem Koordinatensystem.

c) Lies die günstigsten Fahrpreise für Fahrten ab für eine Fahrstrecke von

2 km: .... 5 km: ....

10 km: .... 15 km: ....

Überprüfe die abgelesenen Werte, indem du die Werte in der Tabelle berechnest.

	1 km	2 km	5 km	10 km	15 km
Stadttaxi					
STERNtaxi					
Hallo Taxi					

5 [●] Eine Billardkugel rollt auf dem Billardtisch 80 cm geradeaus, schlägt dann im 60°-Winkel an die Bande und rollt weitere 75 cm, schlägt erneut an und kehrt dann im 63°-Winkel zum Anstoßpunkt zurück. Wie lang war die Strecke, die die Kugel insgesamt zurückgelegt hat?

....

Tipp

Wähle auf deinem Arbeitsblatt einen geeigneten Maßstab für die Konstruktionszeichnung.

▻ Schülerbuch, E-Kurs Seite 190 bis 192, G-Kurs Seite 144 bis 145

1 Berechne

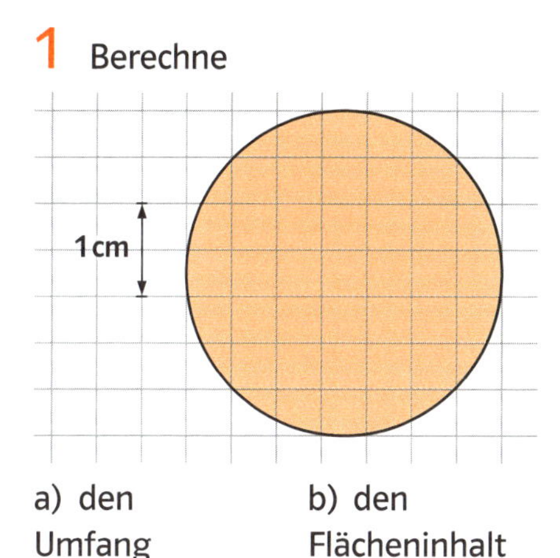

a) den Umfang

....

b) den Flächeninhalt

....

2

16 cm² | 4 cm² | 16 cm²
4 cm² | 1 cm² | 4 cm²
12 cm² | | 12 cm²

Das große Rechteck besteht aus verschiedenen Rechtecken, von denen jeweils der Flächeninhalt angegeben ist.

a) Das große Rechteck hat einen Flächeninhalt von .... cm².

b) Sein Umfang beträgt .... cm.

3 Zwei neue Straßen müssen quer durch eine Wiese geführt werden.

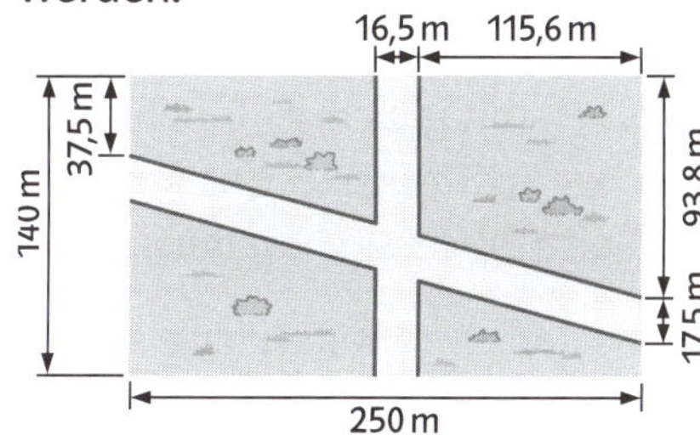

Durch den Bau der Straßen gehen .... m² der Wiesenfläche verloren.

4 Kreuze die Prismen unter den Körpern an.

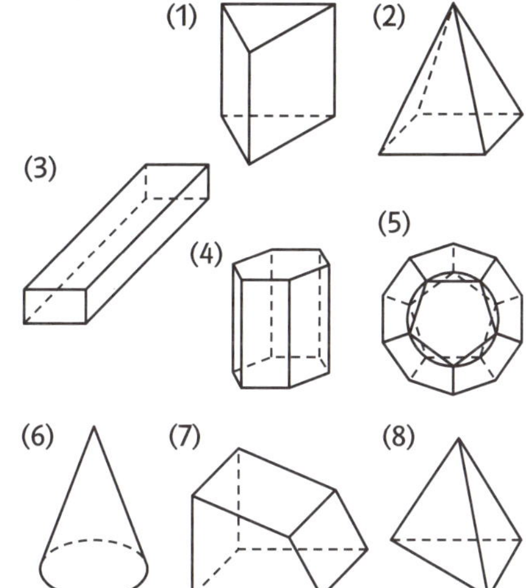

5 Richtig oder falsch? Kreuze an.

a) Ein Prisma besitzt mindestens zwei zueinander parallele Flächen.

☐ richtig ☐ falsch

b) Jeder Quader ist ein Prisma.

☐ richtig ☐ falsch

c) Zwei Seitenflächen einer Pyramide sind immer parallel.

☐ richtig ☐ falsch

d) Eine quadratische Pyramide hat vier gleich große Flächen.

☐ richtig ☐ falsch

6 Berechne die Raumdiagonale durch den Laderaum des Lkws in zwei Etappen.

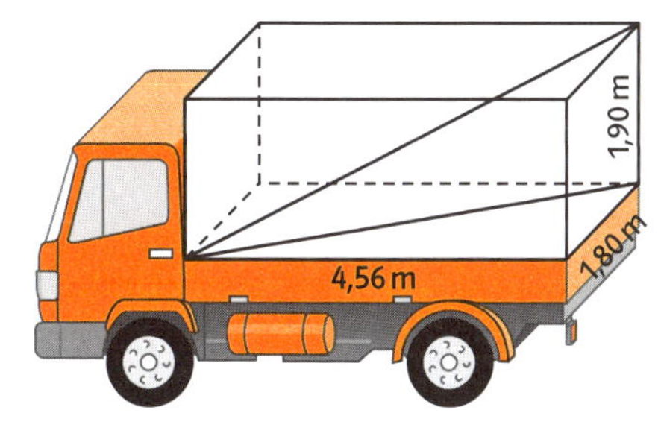

Die Diagonale der Bodenplatte ist .... m lang.

Die Raumdiagonale hat eine Länge von .... m.

7 Die spanischen Inseln Mallorca und Ibiza locken jedes Jahr viele tausende Urlauber. Bestimme näherungsweise die Größe der Inseln.

Mallorca ....

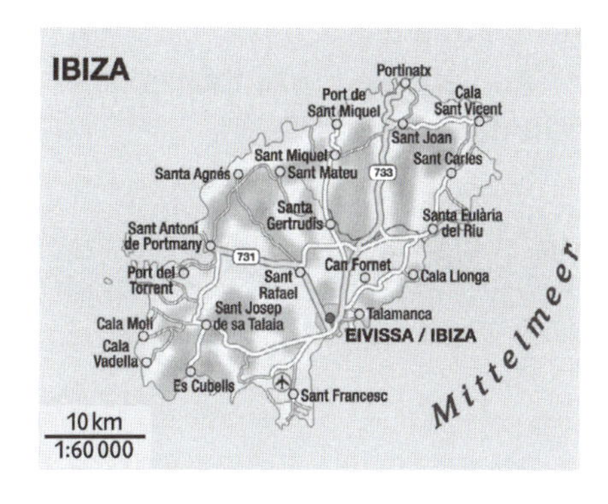

Ibiza ....

8 Ein Strickgarn besteht aus verschiedenen Fasern.

50 % Baumwolle
30 % Acrylfaser
Rest Wolle

a) Beate hat aus 800 g des Garns eine Jacke gestrickt. Sie besteht aus

.... g Baumwolle,

.... g Acrylfaser und

.... g Wolle.

b) Ein Pullover, der 180 g Wolle enthält, wiegt .... g.

9 Bei einer Umfrage wurden 1300 Personen nach ihren Lieblingseissorten gefragt. Die Antworten lauteten:

Vanille	45 %	
Schokolade	34 %	
Erdbeere	24 %	
Nuss	15 %	
Zitrone	13 %	

a) Wie viele Menschen entschieden sich jeweils für die Eissorten? Schreibe deine Antworten in die rechte Spalte.
b) Addiere die Prozentsätze. Was fällt dabei auf?

....

Wie erklärst du dir das?

....

....

10 Von den 30 Schülerinnen und Schülern einer Klasse spielt ein Drittel Handball, $\frac{1}{6}$ Fußball, 6 der Jugendlichen spielen Tennis und der Rest Volleyball.
a) Wie viele entfallen auf die einzelnen Sportarten? Erstelle eine Rangliste.

Rang/Sportart	Anzahl	%
1		
2		
3		
4		

b) Ergänze in der Tabelle die Anteile in Prozent.
c) Zeichne ein Kreisdiagramm.

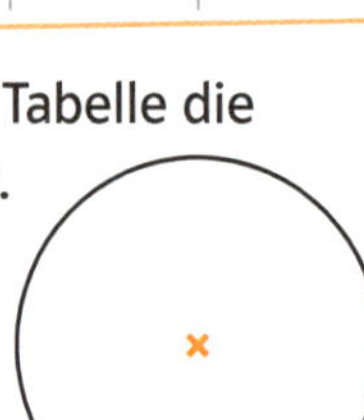

11 Die Graphen stellen die Zuordnung *Zeit → Füllhöhe* für die unten abgebildeten Gefäße dar, wenn sie durch einen gleichmäßigen Zustrom gefüllt werden.

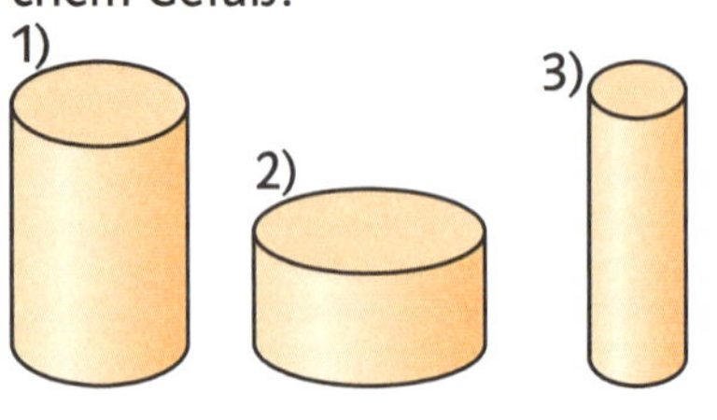

Welcher Graph gehört zu welchem Gefäß?

1) 2) 3)

....

12 Im Schaubild ist der unterschiedliche Benzinverbrauch von zwei Autos dargestellt.

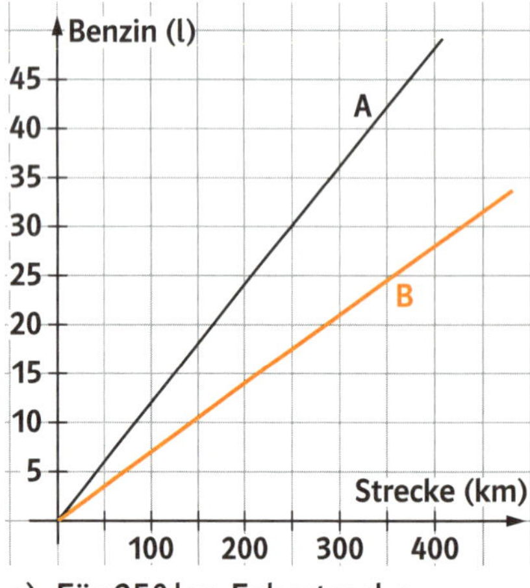

a) Für 250 km Fahrstrecke braucht Auto A .... l Benzin und Auto B .... l.
b) Der Unterschied im Verbrauch bei einer Strecke von 400 km beträgt .... l.
c) Mit 30 l kann Auto A .... km und Auto B .... km weit fahren.

13 Drei Pakete sollen wie in der Abbildung unterschiedlich verschnürt werden.

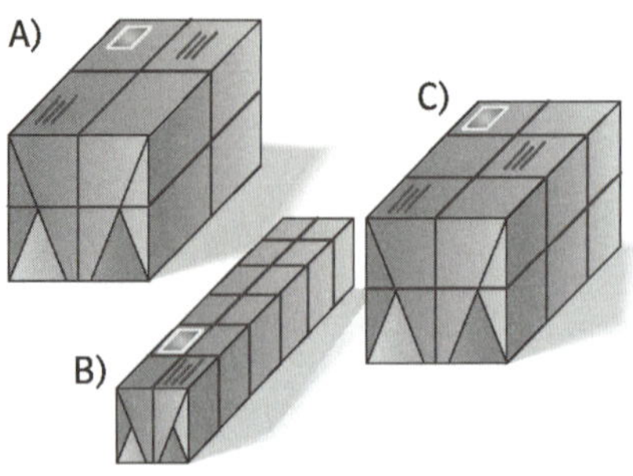

Bezeichnet man die Höhe mit a, die Breite mit b und die Länge mit c, so lässt sich die benötigte Länge der Paketschnur (ohne Knoten) mit Termen ausdrücken. Ordne jedem Term die richtige Verpackung zu:

6 a + 6 b + 4 c Packet: ....

4 a + 4 b + 4 c Packet: ....

12 a + 10 b + 2 c Packet: ....

14 Eine dünne, 24 cm lange Kerze wird in jeder Stunde Brenndauer um 1 cm kürzer.
Eine dicke, 15 cm lange Kerze nimmt bei jeder Stunde Brenndauer 0,4 cm ab.
Beide Kerzen werden zugleich angezündet.

Beide Kerzen sind nach .... Stunden gleich lang, nämlich .... cm.

15 Ein Buch hat 380 Seiten und auf jeder Seite 32 Zeilen.
Ein Buch mit gleichem Inhalt und gleicher Schriftgröße, das auf jeder Seite 28 Zeilen hat, muss dann .... Seiten lang sein.
Wenn es auf jeder Seite 36 Zeilen hätte, müsste es über .... Seiten verfügen.